农民工意外伤害自救与防护

张揆一　郑秀华　编著

金盾出版社

内容提要

本书全面介绍了农民工常遇到的机械、坍塌、建筑行业安全、化学烧伤、触电、中毒、粉尘、跌打损伤、火燃烧伤等意外伤害的正确自救互救知识和防护方法。全书内容翔实，科学实用，可操作性强，适合农民工兄弟和从事上述工作人员阅读。

图书在版编目(CIP)数据

农民工意外伤害自救与防护/张揆一，郑秀华编著．—北京：金盾出版社，2010.7(2014.5 重印)
ISBN 978-7-5082-6405-9

Ⅰ.①农… Ⅱ.①张… Ⅲ.①自救互救—基本知识②安全生产—基本知识 Ⅳ.①X4②X925-62

中国版本图书馆 CIP 数据核字(2010)第 077467 号

金盾出版社出版、总发行

北京太平路 5 号(地铁万寿路站往南)
邮政编码：100036 电话：68214039 83219215
传真：68276683 网址：www.jdcbs.cn
封面印刷：北京盛世双龙印刷有限公司
正文印刷：北京华正印刷有限公司
装订：北京华正印刷有限公司
各地新华书店经销

开本：850×1168 1/32 印张：6.5 字数：129 千字
2014 年 5 月第 1 版第 9 次印刷
印数：134 001～137 000 册 定价：14.00 元

前 言

一位穿着朴素的农村妇女，伸出被截掉 2/3 的手臂说："同志，您看我这手能办个残疾证吗？"。2009 年 4 月，贵州省余庆县敖溪镇胜利社区的李珍到县残联申请办残疾证时，向残联同志讲述她在浙江打工的经历。李珍的家庭非常贫困，为了给丈夫治病，2006 年她到浙江省打工，在机械操作过程中因意外伤害，把右臂截去了大部分，厂方只赔偿了 2 万元钱，而这点钱只能支付部分治疗费。残疾让她失去经济来源，使原本贫困的家再一次陷入困境……

据 2006 年第二次全国残疾人抽样调查数据公报称，截至 2006 年 4 月 1 日，全国各类残疾人总数为 8 296 万人，占全国人口的 6.34%。1987 年残疾人总人数仅 5 164 万，短短 20 年内就净增了 3 132 万人。其中肢体残疾 2 412 万人，占 29.07%，在五类残疾中占的比例最大。肢体残疾者以意外伤害最多，如车祸伤、机械伤、烧伤，以及其他意外伤。

2008 年 1 月，国家统计局公布的《第二次全国农业普查主要数据公报》统计，截至 2006 年底，中国农村共有 5.31 亿劳动年龄人口（即≥16 周岁具有劳动能力的人员），其中农民工总量为 1.32 亿人。这是一个占全国人口 10%以上的家住农村到城里打工农民群体。农民工的健康问题，已引起全社会的关注。

为了农民工的健康，减少农民工意外伤害，我们编写了《农民工意外伤害自救与防护》一书。目的是使外出打工的农民学会保护自己，学会最基本的安全防护知识；无论是自身或是遇到他人遭到意外伤害，能够及时自救与他救，使农民工最大限度地减少痛苦，甚至免于死亡。

本书共分三章进行介绍：第一章介绍农民工的意外伤害及救治，包括机械伤害急救常识；建筑行业的安全防护；建筑物坍塌伤害的抢救处理；化学烧伤后的紧急处理；热烧伤的判断与紧急处理；触电后的紧急处理；毒气泄漏与毒气中毒；粉尘的毒害与防治和装饰材料引起的中毒。第二章介绍农民工野外常见伤害的救治，包括企业农民工职业素质与安全培训；意外伤害及其急救原则；农民工要学点急救知识；骨折后应该怎样处理；外伤大出血的紧急处理；皮肤伤害的自我救治；眼外伤后的紧急处理；呼吸骤停与人工呼吸；心脏骤停与心肺复苏。第三章介绍农民工的劳动保护，包括只有劳动保护才能安全生产；职业卫生与职业病预防控制；高空作业的安全技术规范；有毒作业场所劳动保护；女工特殊劳动权利保护；未成年人特殊劳动权利保护。本书结尾附有 2 个有关保护农民工的安全法律政策：《中华人民共和国安全生产法》和《建设工程安全生产管理条例》。

张揆一　郑秀华

目录

第一章　农民工的意外伤害及救治

第二章　农民工野外常见伤害的救治

第三章　农民工的劳动保护

第一章　农民工的意外伤害及救治

一、机械伤害急救常识

机械伤害是指机械做出强大的功能作用于人体的伤害，具体地讲是人们在操作或使用机械过程中，因机械故障或操作人员的不安全行为等原因造成的伤害事故。机械伤害人体最多的部位是手，因为手在劳动中与机械接触最为频繁。发生事故以后，受伤者轻则伤及皮肉，重则伤筋动骨、断肢致残，甚至危及生命。因此，我们必须加强和重视机械设备安全工作，了解机械伤害事故的种类、原因，发生机械伤害后如何急救，以及怎样采取预防措施，不断改善劳动条件，避免事故的发生。

（一）机械伤害事故的种类、原因

机械伤害事故的特点：机械伤害事故的后果惨重，如搅死、挤死、压死、碾死、被弹出物体打死、磨死等。当发现有人被机械伤害的情况时，虽及时紧急停车，但因设备惯性作用，仍可造成受害者致死性伤害，乃至身亡。

1. 机械伤害事故的种类

(1)机械设备零、部件做旋转运动时造成的伤害，主要是绞伤和物体打击伤。

(2)机械设备零、部件做直线运动时造成的伤害，主要是压伤、砸伤、挤伤。

(3)刀具直接造成的伤害包括以上两类伤害,以及在生产中刀具产生的切屑所致的伤害,如烫伤、刺伤、割伤等。

(4)被加工运送的零件、物体固定不牢,甩出伤人。

(5)手动工具使用不当造成的伤害。

2. 机械伤害事故的主要原因 常见伤害人体的机械设备有皮带运输机、球磨机、行车、卷扬机、干燥车、气锤、车床、辊筒机、混砂机、螺旋输送机、泵、压模机、灌肠机、破碎机、推焦机、榨油机、硫化机、卸车机、离心机、搅拌机、轮碾机、制毡撒料机、滚筒筛等。

形成机械伤害的事故其主要原因有:

(1)检修、检查机械忽视安全措施。如人进入设备(球磨机等)检修、检查作业,不切断电源,未挂不准合闸警示牌,未设专人监护等措施而造成严重后果;也有的因当时受定时电源开关作用或发生临时停电等因素误判而造成事故;也有的虽然对设备断电,但因未等设备惯性运转彻底停住就下手工作,同样造成严重后果。

(2)缺乏安全装置。如有的机械传动带、齿机、接近地面的联轴节、皮带轮、飞轮等易伤害人体的部位没有完好防护装置;还有的入孔、投料口绞笼井等部位缺护栏及盖板,无警示牌,人一疏忽误接触这些部位,就会造成事故。

(3)安全操作规程不健全或管理不善,对操作者缺乏基本功训练,操作者不按规程进行操作,没有穿戴合适的防护服和符合国家标准的防护工具。

(4)电源开关布局不合理。一种是有了紧急情况不能立即停车;另一种是好几台机械开关设在一起,极易造成误开机械引发严重后果。

(5)自制或任意改造机械设备,不符合安全要求。

(6)机械设备在非最佳状态下运转,机械设备在设计、结构和制造工艺上存在缺陷,机械设备组成部件、附件和安全防护装置的功能退化等均可能导致伤害事故。如在机械运行中进行清理、卡料、上皮带蜡等作业尤应主意。

(7)工作场所环境不好,如工作场所照明不良,温度及湿度不适宜,噪声过高,地面或脚踏板被乳化液弄脏,设备布置不合理。

(8)工艺规程和工装不符合安全要求,新工艺、新技术采用时无安全措施,或对切屑或砂轮所采取的防护措施不当。

(9)任意进入机械运行危险作业区(采样、干活、借道、拣物等)。

(10)不具备操作机械素质的人员上岗,或其他人员乱动机械。

(二)手外伤自我急救处理

1. 手部刺伤　手被尖利的物品所刺致伤。刺伤发生后要细心检查,把刺拔出,不要将刺的残端留在体内,以免感染发炎。异物取出后,应用生理盐水擦洗伤口,涂上碘酒,用消毒纱布包扎。不让患处沾水,3～5 天便可自愈。处理不当时易引发指甲下脓肿、甲沟炎、化脓性指头炎等。

2. 手部切割伤　手被刃性锐物切割致伤。伤口浅、小的及时用生理盐水冲洗,以碘酒和酒精消毒后,用消毒纱布包扎,并不难愈合。伤口深、小的易伤及肌腱、血管和神经,进一步处理比较复杂,应先止血,如继续出血可用健侧拇指和食指捏住伤指的根部，并把伤处向上举，出血不止时应扎止血带。如发生断指（或手）时，应将断指（或手）用消毒棉垫包好，置于冰块中，并包扎好残端，尽快送医院处理。

3. 手部挤压伤 手被钝性物体，如砖头、石块、机器和车辆等暴力挤压致伤。挤压伤常合并肌腱、神经、血管和骨骼的损伤，应急处理后以尽快送医院处理为宜。

手外伤在生活和生产中很常见，要减少手外伤，关键在于预防。万一发生严重手外伤时也不要惊慌失措，更不要用青草、泥土、烟灰等杂物敷盖伤口，以免引起败血症或破伤风。当伤口较深或被赃物、油垢污染后，除彻底的清创外，还应及时注射破伤风抗毒素和抗生素。

4. 断指（肢）后的急救和转送

（1）应将伤员的伤手和离断的手或指包好，尽快地送到有条件进行再植手术的医院。

（2）离断的手或指在常温下 15 小时内均有再植条件，如冷藏处理后 36 小时内仍有再植条件。

（3）如断指（肢）被机器卷入，应立即停机，将断指（肢）取出，切不可用倒转机器的方法取指（肢）体，以防止指（肢）体遭到再次损伤。

（4）离断指（肢）冷藏方法：应将离断指（肢）体用湿纱布包裹，置于塑料袋中密闭，再放置于 10℃左右环境中保存。

（三）头皮撕裂伤、血肿的急救处理

1. 头皮撕裂伤的急救措施 头皮裂伤多由锐器或钝器致伤。裂口大小、深度不一，创缘整齐或不整齐，有时伴有皮肤挫伤或缺损，由于头皮血管丰富，血管破裂后不易自行闭合，即使伤口小出血也较严重，甚至因此发生休克。

发生头皮撕裂伤可采取以下急救措施：

(1)必须及时对伤者进行抢救，采取止痛及其他对症措施。

(2)用生理盐水冲洗受伤部位，涂红药水后用消毒大纱布块、消毒棉花紧紧包扎，压迫止血。

(3)使用抗生素，注射抗破伤风血清，预防感染。

(4)急送医院进一步抢救治疗。

2. 头皮血肿的急救处理　外伤处表皮无损伤，仅是局部出现血肿或硬块。包括皮下血肿、帽状腱膜下血肿。此时，应尽早局部涂上食用油或局部重压包扎，以防止血肿扩大。切忌用跌打药酒对局部进行外搽和按揉。

(1)皮下血肿：由于头皮的皮下层是血管、神经、淋巴管的聚集处，当接近于垂直的暴力，如拳击致伤或木棒、重物打击头部时，可使血管破裂出血，如头皮仍然完整，则血液积于皮下，形成血肿。因血肿位于表层和帽状腱膜之间，受皮下纤维隔的限制，血肿一般体积较小、张力高，疼痛剧烈，触之中心稍软、周边隆起较硬，易被误诊为凹陷骨折。这种血肿无需特殊处理，早期可予冷敷，以减少出血和疼痛，24～48小时后改为热敷，以促进吸收。

(2)帽状腱膜下血肿：帽状腱膜下层是一疏松的蜂窝组织层，中间有连接头皮静脉、颅骨板障静脉，以及颅内静脉窦的导血管。当头部遭受到斜向暴力时，头皮发生剧烈的滑动，引起导血管的撕裂出血。这种出血由于组织疏松而易于扩散，故血肿常巨大，恰似一顶棉帽子戴在伤者头上。触之较软，波动明显，疼痛较轻，有贫血外貌，如脸色苍白等，婴幼儿巨大的血肿甚至可引起休克。较小的血肿早期予以冷敷，加压包扎，24～48 小时后改为热敷，待其自行吸收。血肿一般在 7～10 天可被吸收。如果血肿较大，5～7 天仍未见吸收迹象，则须到医院，在严格的皮肤消毒下进行穿刺抽血后加压包扎，一般 3～4 天 1 次，直至血肿消失。穿刺包扎后，不要用手来回推动头皮，以免造成血肿复发。

(四)重症胸外伤的急救处理

1. 立刻通知 120 前来急救

2. 保持呼吸道通畅　迅速脱去或剪开衣服，立即清除口腔及咽喉部血块、呕吐物、泥土及分泌物，必要时用拉舌钳牵出后坠的舌根或托起下颌，使呼吸道通畅。对于严重肺挫伤或支气管断裂的患者，禁忌健侧卧位，以防伤侧积血流入健侧支气管引起窒息。血压平稳无禁忌的患者可取半卧位，休克或昏迷患者应取平卧头侧位，以防血块、呕吐物、分泌物堵塞呼吸道引起窒息。

3. 严密观察患者生命体征　在急救过程中，除常规观察生命体征，如呼吸、心率、血压、意识、瞳孔、体温外；在患者精神较差，体质弱，机体免疫力降低的情况下，可鼓励患者进食高热能、高蛋白饮食。保持床铺整洁，帮助翻身、叩背，预防压疮发生。口腔护理每日 3 次，保持皮肤清洁、无异味。

(五)机械伤现场自我急救技术

1. 人工呼吸　口对口(鼻)吹气法是现场急救中采用最多的一种人工呼吸方法。其具体操作方法如下：

(1)对伤员进行初步处理：将需要进行人工呼吸的伤员

放在通风良好、空气新鲜、气温适宜的地方，解开伤员的衣领、裤带、内衣及乳罩，清除口鼻分泌物、呕吐物及其他杂物，保证呼吸道畅通。

(2)使伤员仰卧，施救人员位于其头部一侧，捏住伤员的鼻孔，深吸气后，将自己的嘴紧贴伤员的嘴吹入气体。之后，离开伤员的嘴，放开鼻孔，以一手压伤员胸部，助其呼出体内气体。如此，有节律地反复进行，每分钟进行 15 次。吹气时不要用力过度，以免造成伤员肺泡破裂。

(3)吹气时，应配合对伤员进行胸外心脏按压。一般吹 1 次气后，做 4 次心脏按压。

2. 心肺复苏　胸外心脏按压是心脏复苏的主要方法，它是通过压迫胸骨，对心脏给予间接按压，使心脏排出血液，参与血液循环，以恢复心脏的自主跳动。其具体操作方法是：

(1)让伤员仰卧在平整的地面或木板上。

(2)施救人员位于伤员一侧，双手重叠放在伤员胸部两乳正中间处，用力向下按压胸骨，使胸骨下陷 3～4 厘米，然后迅速放松，放松时手不离开胸部。如此反复有节律地进行。其按压速度为每分钟 60～80 次。

应注意，如有①胸部严重损伤、肋骨骨折、气胸或心脏压塞的伤员，不应采用此法。②胸外心脏按压应与人工呼吸配合进行。③按压时，用力要均匀，力量大小看伤员的身体及胸部情况而定；按压时，手臂不要弯曲，用力不要过猛，以免使伤员肋骨骨折。④随时观察伤员情况，作出相应的处理。

3. 止血　当伤员身体有外伤出血现象时，应及时采取止血措施。常用的止血方法有以下几种：

(1)伤口加压法:这种方法主要适用于出血量不太大的一般伤口,通过对伤口的加压和包扎,减少出血,让血液凝固。其具体做法是,如果伤口处没有异物,用干净的纱布、布块、手绢、绷带等物或直接用手紧压伤口止血;如果出血较多时,可以用纱布、毛巾等柔软物垫在伤口上,再用绷带包扎以增加压力,达到止血的目的。

(2)手压止血法:临时用手指或手掌压迫伤口靠近心端的动脉,将动脉压向深部的骨头上,阻断血液的流通,从而达到临时止血的目的。这种方法通常是在急救中和其他止血方法配合使用,其关键是要掌握身体各部位血管止血的压迫点。

手压法仅限于无法止住伤口出血,或准备敷料包扎伤口的时候。施压时间切勿超过 15 分钟。如施压过久,肢体组织可能因缺氧而损坏,以致不能康复,继而还可能需要截肢。

(3)止血带法:这种方法适合于四肢伤口大量出血时使用。主要有布止血带绞紧止血、布止血带加垫止血、橡皮止血带止血 3 种。使用止血带法止血时,绑扎松紧要适宜,以出血停止、远端不能摸到脉搏为好。使用止血带的时间越短越好,最长不宜超过 3 小时。并在此时间内每隔 30 分钟(冷天)或 1 小时慢慢解开、放松 1 次。每次放松 1~2 分钟,放松时可用指压法暂时止血。不到万不得已时不要轻易使用止血带,因为上好的止血带能把远端肢体的全部血流阻断,造成组织缺血,时间过长会引起肢体坏死。

4. 搬运转送 转送是危重伤病员经过现场急救后由救护人员安全送往医院的过程,是现场急救过程中的重要环节。因此,必须寻找合适的担架,准备必要的途中急救物质和器材，尽可能调度速度快、震动小的运输工具。同时，应注意掌握各种伤病员搬运方式的不同：

(1)上肢骨折的伤员托住固定伤肢后，可让其自己行走。

(2)下肢骨折用担架抬送。

(3)脊柱骨折伤员，用硬板或其他宽布带将伤员绑在担架上。

(4)昏迷病人，头部可稍垫高并转向一侧，以免呕吐物吸入气管。

(六)机械伤害事故的预防

1. 加强机械设备的安全管理　安全管理好，可使不安全状态与不安全行为减少；反之，则会使不安全状态和不安全行为增加，甚至会成为发生事故的根本原因。装设安全防护装置，杜绝或减少机械设备在正常工作期间，或故障状态下，甚至在操作者失误情况下发生人身或设备事故。

2. 检修机械必须严格执行断电和专人监护制度　机械断电后，必须确认其惯性运转已彻底消除后才可进行工作。机械检修完毕，试运转前必须对现场进行细致检查，确认机械部位人员全部彻底撤离才可取牌合闸。检修试车时严禁有人留在设备内进行检测。对机械进行清理积料、捅卡料、上皮带蜡等作业，应遵守停机断电挂警示牌制度。

3. 控制机械设备的危险因素　以人为本，对危险部位给予文字、声音、颜色、光等信息标记，提醒人们注意安全。

4. 不得违章作业　严格按照机械设备的操作安全守则进行操作，不得违章作业。

5. 加强专业培训　工作人员应掌握该设备性能的基础

知识，经考试合格，持证上岗。上岗作业中，必须精心操作，正确使用劳动防护用品，严禁无证人员开动机械设备。

二、建筑行业农民工的安全防护

（一）建筑行业农民工的安全管理

1. 农民工伤亡事故发生的原因 目前，建筑业的从业人员中80％以上是农民工，而且这些农民工流动性大，大都没有经过系统的安全教育与培训，农民工自身的安全意识淡薄，安全生产知识缺乏且技术技能低；有的建筑施工企业违规分包挂靠；有的业主指定分包队伍肢解工程；有的在投标时压价夺标，连保本都困难；有的班组和劳务队伍私招乱雇，不执行强制标准，违章作业、违章指挥，造成现场施工作业时安全防护设施不能按规定配备到位，施工现场使用无安全防护装置的非标井字架，施工用电不规范，脚手架的搭设未跟上施工进度，高空作业无防护，模板工程支撑体系“临边”防护不到位等安全隐患的存在，就像一个个巨大的老虎口，随时准备吞食施工现场的农民工兄弟。针对上述种种原因，强化农民工安全管理十分重要。

2. 强化农民工安全法律意识 针对建筑业在一线作业的人员大多数是来自农村的农民工，他们流动性大，自身安全意识淡薄，自我安全防护能力差的特点，在农民工进场上岗前，必须组织他们集中学习《安全生产法》、《建设工程安全生产管理条例》、《劳动法》等安全生产政策和法律、法规，深刻领会安全生产的重要性和严肃性，要做到安全生产，就必须遵章守纪，遵守安全操作规程、规范，严禁违章作业、违章指挥。

安全生产是人命关天的大事，千万不可麻痹大意，掉以轻心。在施工生产过程中时刻清醒认识到“我安全了没有，别人安全了没有，机械设备安全了没有”，达到“我懂安全、我要安全、从我做起、保证安全”的目的。特别要强调的是，在一线作业的农民工中有的是班组长，班组长的安全法律意识要更强，因为班组长是一个施工班组的直接领导者和指挥者，他的安全压力大、生产任务重、工作十分辛苦，是带领全班成员完成施工任务的关键人员。班组长如果没有较高的安全法律意识和强烈的工作责任心，能带领全班安全生产、保质保量完成任务是难以想象的。因此，只有全体农民工的安全法律意识提高了，遵章守纪，才能较好完成任务。

3. 加强操作技能的教育培训　由于建筑业人员流动大，露天施工、立体交叉作业多，施工中危险性大，工作条件差，不安全因素多且点多面广，预防难度大，建筑施工企业管理又跟不上，措施不力，农民工安全意识缺乏，技术技能差，自我防护水平低等特点，切实加强农民工安全知识，技术技能教育与培训工作就显得十分重要。具体来说：

首先，要加强安全培训，提高农民工安全技术和操作技能。要按岗位分工种进行技术技能培训和考核，提高岗位的安全水平，及时纠正个别人的不良行为，对那些安全意识差的农民工有针对性进行补课与考核，把好农民工入场上岗前的第一关。

其次，要注意加强的是第一次进城务工，又是临时进入工地的农民工的岗前安全教育培训工作。从有关统计资料表明，这些农民工是最容易发生伤亡事故的人群。他们昨天放下锄头，今天就是建筑工人；他们连最起码的安全基本知识都没有，工地上哪里有危险他们也不知道。因此，要重点抓好这些零星进入工地的农民工的岗前培训教育与考核工作。

再次要加强特殊工种的农民工的培训考核工作。特殊工种就是存在有特殊危险的工种，危险性、危害性较大，从事特殊工种的农民工如果违章作业、违章指挥，那么危害性是十分可怕的。对特殊工种考核持证上岗工作一定要切实抓好，政府监管部门首先要严格依法办事，不能搞不正之风，花钱就可买到特殊工种安全操作证，要注重农民工技能的提高，不掌握熟练的操作技能和较高的理论知识，很难适应工程建设对特种作业人员的要求，不仅工程质量搞不好，自身安全也无法保证。

(二)预防安全事故应急预案

1. 预防高处坠落的预防措施

(1)加强安全自我保护意识教育，强化管理安全防护用品的使用。

(2)重点部位项目，严格执行安全管理专业人员旁站监督制度。

(3)随施工进度，及时完善各项安全防护设施，各类竖井安全门栏必须设置警示牌。

(4)各类脚手架及垂直运输设备搭设、安装完毕后，未经验收禁止使用。

(5)安全专业人员，加强安全防护设施巡查，发现隐患及时落实解决。

2. 火灾、爆炸事故预防措施

(1)根据施工的具体情况制定消防保卫方案，建立健全各项消防安全制度，严格遵守各项操作规程。

(2)在工程场地内不得存放油漆、稀料等易燃易爆物品。

(3)施工单位不得在工程内设置调料间，不得在工程内进行油漆的调配。

(4)工程场地内严禁吸烟，使用各种明火作业应开具动火证并设专人监护。

(5)作业现场要配备充足的消防器材。

(6)施工期间工程内使用各种明火作业，应得到施工单位项目经理部消防保卫部门的批准，并且要配备充足灭火材料和消防器材。

(7)严禁在施工工程现场内存放氧气瓶、乙炔瓶。

(8)施工作业时氧气瓶、乙炔瓶要与动火点保持 10 米的距离，氧气瓶与乙炔瓶的距离应保持 5 米以上。

(9)进行电、气焊作业要取得动火证，并设专人看管，施工现场要配置充足的消防器材。

(10)作业人员必须持上岗证，到项目经理部有关人员处办理动火证，并按要求对作业区域易燃易爆物进行清理，对有可能飞溅下落火花的孔洞采取措施进行封堵。

(三)发生安全事故的信息报告

(1)事故发现人员，应立即向组长(副组长)报告。如果是火灾事故，必须同时打 119 向公安消防部门报警，急救拨打 120、999(火警:119 ;匪警:110)。

(2)组长接到报警后，通知副组长、组员，立即启动应急救援系统。

(3)根据事故类别向事故发生地政府主管部门报告。

(4)报告应包括以下内容:①事故发生时间、类别、地点和相关设施。②联系人姓名和电话等。

(四)脚手架及高处坠落事故应急处置

1. 脚手架倒塌及造成人员伤亡时的应急措施

(1)迅速确定事故发生的准确位置、可能波及的范围、脚手架损坏的程度、人员伤亡情况等,以根据不同情况进行处置。

(2)划出事故特定区域,非救援人员未经允许不得进入特定区域。迅速核实脚手架上作业人数,如有人员被坍塌的脚手架压在下面,要立即采取可靠措施加固四周,然后拆除或切割压住伤者的杆件,将伤员移出。如脚手架太重可用吊车将架体缓缓抬起,以便救人。如无人员伤亡,立即实施脚手架加固或拆除等处理措施。以上行动须由有经验的安全员和架子工工长统一安排。

2. 发生人员高处坠落事故的抢救措施

(1)救援人员首先根据伤者受伤部位立即组织抢救,促使伤者快速脱离危险环境,送往医院救治,并保护现场。察看事故现场周围有无其他危险源存在。

(2)在抢救伤员的同时迅速向上级报告事故现场情况。

(3)抢救受伤人员时几种情况的处理:如确认人员已死亡,立即保护现场,等待公安部门处理。如发生人员昏迷、伤及内脏、骨折及大量失血:①立即联系120、999急救车或距现场最近的医院,并说明伤情。为取得最佳抢救效果,还可

根据伤情送往专科医院。②外伤大出血。急救车未到前，现场采取止血措施。③骨折。注意搬运时的保护，对昏迷、可能伤及脊椎、内脏或伤情不详者一律用担架或平板，禁止用搂、抱、背等方式运输伤员。

一般性伤情送往医院检查，防止破伤风。

（五）触电事故、电焊伤害应急处置与急救

1. 触电事故应急处置

(1)截断电源，关上插座上的开关或拔除插头。如果够不着插座开关，就关上总开关。切勿试图关上那件电器用具的开关，因为可能正是该开关漏电。

(2)若无法关上开关，可站在绝缘物上，如一叠厚报纸、塑料布、木板之类，用扫帚或木椅等将伤者拨离电源，或用绳子、裤子或任何干布条绕过伤者腋下或腿部，把伤者拖离电源。切勿用手触及伤者，也不要用潮湿的工具或金属物质把伤者拨开，也不要使用潮湿的物件拖动伤者。

(3)如果患者呼吸心跳停止，开始人工呼吸和胸外心脏按压。切记不能给触电的人注射强心针。若伤者昏迷，则将其身体放置成卧式。

(4)若伤者曾经昏迷、身体遭烧伤，或感到不适，必须打电话叫救护车，或立即送伤者到医院急救。

(5)高空出现触电事故时，应立即截断电源，把伤者抬到附近平坦的地方，立即对伤者进行急救。

(6)现场抢救触电者的原则：现场抢救触电者的经验原则是：迅速、就地、准确、坚持。迅速——争分夺秒地将触电者脱离电源；就地——必须在现场附近就地抢救，病人有意

识后就近送医院抢救。从触电时算起，5 分钟以内及时抢救，救生率 90%左右。10 分钟以内抢救，救生率 6.15%，希望甚微；准确——做人工呼吸的动作必须准确；坚持——只要有百分之一的希望就要尽百分之百的努力抢救。

2. 电焊伤害防护

(1)未受过专门训练的人员不准进行焊接工作。焊接锅炉承压部件、管道及承压容器等设备的焊工，必须按照锅炉监察规程(焊工考试部分)的要求，经过基本考试和补充考试合格，并持有合格证，方可允许上岗。

(2)焊工应穿帆布工作服，戴工作帽，上衣不准扎在裤子里。口袋须有遮盖，脚下穿绝缘橡胶鞋，以免焊接时被烧伤。

(3)焊工应戴绝缘手套，不得湿手作业操作，以免焊接时触电。

(4)禁止使用有缺陷的焊接工具和设备。

(5)高空电焊作业人员，应正确佩戴安全带，作业面设水平网兜并铺彩条布，周围用密目网维护，以防焊渣四溅。

(6)不准在带有压力(液体压力或气体压力)的设备上或带电的设备上进行焊接。

(7)现场上固定的电源线必须加塑料套管埋地保护，以防止被加工件压迫发生触电。

(8)电焊施工前，项目要统一办理动火证。

(六)车辆火灾、重大交通事故应急处置

1. 车辆火灾事故应急处置

(1)车辆火灾事故发生后，项目人员应立即组织灭火，有可能的情况下卸下车上货物。

(2)疏通事发现场道路，保证救援工作顺利进行，疏散人群至安全地带。

(3)在急救过程中，遇有威胁人身安全情况时，应首先确保人身安全，迅速组织脱离危险区域或场所后，再采取急救措施。

(4)为防止车辆爆炸，项目人员除自救外，还应向社会专业救援队伍求援，尽快扑灭火情。

(5)定期检查维修车辆，检查车辆灭火器的配备，保证良好的车况是防止车辆发生火灾的最好措施。

(6)夏季天气炎热，车内温度高，为防止车辆自燃现象的发生，应尽量将车停在阴凉处或定时对车辆洒水降温。

2. 重大交通事故应急处置

(1)事故发生后，迅速拨打急救电话，并通知交警。

(2)在接到报警后，应立即组织急救队伍，迅速将伤者送往附近医院，并派人保护现场。

(3)协助交警疏通事发现场道路，保证救援工作顺利进行，疏散人群至安全地带。

(4)做好事后人员的安抚、善后工作。

(七)火灾、爆炸事故应急处置

1. 早期警告　事件发生时，在安全地带的施工人员可通过手机、对讲机向楼上施工人员传递火灾发生信息和位置。

2. 紧急情况下电梯、楼梯、马道的使用　高层建筑在发生火灾时，不能使用室内电梯和外用电梯逃生。因为室内电梯井会产生“烟囱效应”，外用电梯会发生电源短路情况。最好通过室内楼梯或室外脚手架、马道逃生(工程建筑高度不高,最好采取这种方法逃生)。如果下行楼梯受阻,施工人员可以在某楼层或楼顶部耐心等待救援,打开窗户或划破安全网保持通风,同时用湿布捂住口鼻,挥舞彩色安全帽表明你所处的位置。切忌逃生时在马道上拥挤。

3. 火灾、爆炸发生时人员疏散应避免的行为因素

(1)人员聚集:灾难发生时,由于人的生理反应和心理反应,决定受灾人员的行为具明显向光性,盲从性。向光性是指在黑暗中,尤其是辨不清方向,走投无路时,只要有一丝光亮,人们就会迫不及待的向光亮处走去。盲从性是指事件突变,生命受到威胁时,人们由于过分紧张、恐慌,而失去正确的理解和判断能力,只要有人一声招呼,就会导致不少人跟随、拥挤逃生,这会影响疏散,甚至造成人员伤亡。

(2)恐慌行为:是一种过分和不明智的逃离行为,它极易导致各种伤害性情感行动,如绝望、歇斯底里等。这种行为若导致"竞争性"拥挤,再进入火场,穿越烟气空间及跳楼等行动,时常带来灾难性后果。

(3)再进火场行为:受灾人已经撤离或将要撤离火场时,由于某些特殊原因驱使他们再度进入火场,这也属于一种危险行为,在实际火灾案例中,由于再进火场而导致灾难性后果的占相当大的比例。

(八)塔式起重机出现事故征兆时的应急措施

1. 塔吊基础下沉、倾斜

(1)应立即停止作业,并将回转机构锁住,限制其转动。

(2)根据情况设置地锚,控制塔吊的倾斜。

2. 塔吊平衡臂、起重臂折臂

(1)塔吊不能做任何动作。

(2)按照抢险方案,根据情况采用焊接等手段,将塔吊结构加固,或用连接方法将塔吊结构与其他物体连接,防止塔吊倾翻和在拆除过程中发生意外。

(3)用 2～3 台适量吨位起重机,一台锁起重臂,一台锁平衡臂。其中一台在拆臂时起平衡力矩作用,防止因力的突然变化而造成倾翻。

(4)按抢险方案规定的顺序,将起重臂或平衡臂连接件中变形的连接件取下,用气焊割开,用起重机将臂杆取下。

(5)按正常的拆塔程序将塔吊拆除,遇变形结构用气焊割开。

3. 塔吊倾翻

(1)采取焊接、连接方法,在不破坏失稳受力情况下增加平衡力矩,控制险情发展。

(2)选用适量吨位起重机按照抢险方案将塔吊拆除,变形部件用气焊割开或调整。

4. 锚固系统险情

(1)将塔式平衡臂对应到建筑物,转臂过程要平稳并锁住。

(2)将塔吊锚固系统加固。

(3)如需更换锚固系统部件,先将塔机降至规定高度后,再行更换部件。

5. 塔身结构变形、断裂、开焊

(1)将塔式平衡臂对应到变形部位,转臂过程要平稳并锁住。

(2)根据情况采用焊接等手段,将塔吊结构变形或断裂、开焊部位加固。

(3)落塔更换损坏结构。

（九）小型机械设备事故、机械伤亡事故应急措施

1. 小型机械设备事故

(1)发生各种机械伤害时，应先切断电源，再根据伤害部位和伤害性质进行处理。

(2)根据现场人员被伤害的程度，一边通知急救医院，一边对轻伤人员进行现场救护。

(3)对重伤者不明伤害部位和伤害程度的，不要盲目进行抢救，以免引起更严重的伤害。

2. 机械伤害事故引起人员伤亡的处置

(1)迅速确定事故发生的准确位置、可能波及的范围、设备损坏的程度、人员伤亡等情况，以根据不同情况进行处置。

(2)划出事故特定区域，非救援人员、未经允许不得进入特定区域。迅速核实塔式起重机上作业人数，如有人员被压在倒塌的设备下面，要立即采取可靠措施加固四周，然后拆除或切割压住伤者的杆件，将伤员移出。

(3)抢救受伤人员时几种情况的处理：如确认人员已死亡，立即保护现场，等待公安部门处理；如发生人员昏迷、伤及内脏、骨折及大量失血：①立即联系 120 急救车或距现场最近的医院，并说明伤情。为取得最佳抢救效果，还可根据伤情联系专科医院。②外伤大出血。急救车未到前，现场采取止血措施。③骨折。注意搬动时的保护。对昏迷、可能伤及脊椎、内脏或伤情不详者，一律用担架或平板，不得一人抬肩、一人抬腿。

(4)一般性外伤：①视伤情送往医院，防止破伤风。②轻

微内伤，送医院检查。

制定救援措施时，一定要考虑所采取措施的安全性和风险，经评价确认安全无误后再实施救援，避免因采取措施不当而引发新的伤害或损失。

（十）跌打损伤处理

1. 不能随便扭动损伤部位　人们在损伤四肢的时候，常常会不由自主的转动或者按摩，然而很多时候随便地扭动就会使损伤的部位症状加重，尤其在没有进行确切的诊断之前，更不应该随便活动已经扭伤的部位。如果是四肢，正确的方法是这样的：如果是前臂骨折最好把前臂放在与心脏水平的位置上，如果是下肢则要把腿抬到膝盖水平以上的位置。

2. 摔伤、扭伤、骨折时不能立即热敷　很多人都会在摔伤扭伤之后，拿个热毛巾敷在疼痛的部位，感觉这样会舒服些，但是这种做法是不对的，因为毛细血管出血了，热敷会使血管进一步扩张，出血更厉害，以后的愈合就慢了。如果是骨折，更不能热敷，而冷敷可以控制毛细血管出血量。所以，对损伤部位立即进行热敷是要不得的，如果觉得疼痛难忍可以用冰块冷敷。

3. 损伤部位不可涂抹红花油　毛细血管破裂以后，涂抹红花油会促使血液流量加快，使肿胀加重。在损伤的急性期，也就是在 24 小时之内，如果使用红花油涂抹揉搓，就会加重损伤部位的血液渗出，加重肿胀。所以，使用红花油一定要在发生损伤 24 小时之后，同时对于皮肤破溃或过敏的患者也不宜使用。

4. 骨折不用贴跌打损伤膏　跌打损伤膏可以让药物通过人体皮肤迅速渗透，产生活血行气，舒筋散结的作用。如果损伤处已经发生了骨折，贴上膏药只会暂时缓解表面症状，骨折的部位不会因此长好，还容易发生错位，最后造成骨骼畸形。

三、坍塌伤害的自我防护与自我救治

（一）发现坍塌快速报告

无论是建筑物、桥梁、涵洞、煤矿等任何坍塌，都应该立刻向上级主管部门报告，一刻也不能停留。正如温家宝总理所说："早报一秒，多救一人"，一切为了人民！

（二）坍塌被埋人员的自救原则

1. 弄清情况抓紧自救

(1)要尽量用湿毛巾、衣物或其他布料捂住口、鼻和头部，防止灰尘呛闷发生窒息，避免建筑物进一步倒塌造成的伤害。

(2)尽量活动手、脚，清除脸上的灰土和压在身上的物件。

(3)用周围可以挪动的物品支撑身体上方的重物，避免进一步塌落；扩大活动空间，保持足够的空气。

(4)几个人同时被压埋时，要互相鼓励，共同计划，团结配合，必要时采取脱险行动。

(5)寻找和开辟通道，设法逃离险境，朝着有光亮、更安全宽敞的地方移动。

2. 保存体力等待外援

(1)一时无法脱险，要尽量节省气力。如能找到代用品和水，要计划着节约使用，尽量延长生存时间，等待获救。

(2)保存体力，不要盲目大声呼救。在周围十分安静，或听到上面(外面)有人活动时，用砖、铁管等物敲打墙壁，向外界传递消息。当确定不远处有人时，再呼救。

(3)互救是指已经脱险的人和专门的抢险营救人员对压埋在废墟中的人进行营救。

为了最大限度地营救遇险者，应遵循以下原则：先救压埋人员多的地方，也就是“先多后少”；先救近处被压埋人员，也就是“先近后远”；先救容易救出的人员，也就是“先易后难”；先救轻伤和强壮人员，扩大营救队伍，也就是“先轻后重”；如果有医务人员被压埋，应优先营救，增加抢救力量；找寻被压埋的人。

(三)建筑物倒塌被压埋困陷的自救方法

建筑物突然倒塌，在没有外来人员援救之前，自救是一项与死神争分夺秒的斗争，时间就是生命。此时此刻的伤害大部分是倒塌的房屋所造成的。

如果农民工不幸被废墟埋压，要尽量保持冷静，设法自救。无法脱险时，要保存体力，尽力寻找水和食物，创造生存条件，耐心等待救援。

1. 被埋压在废墟下时　在被埋的情况下，至关重要的是不能在精神上发生崩溃，要有勇气和毅力。强烈的求生欲望和充满信心的乐观精神，是自救过程中创造奇迹的强大动力。地震中被埋压在废墟下时，周围又是一片漆黑，只有极小的空间，一定不要惊慌，要沉着，树立生存的信心，相信会有人来救你，要千方百计保护自己。

2. 注意保护自我 被压埋后，注意用湿手巾、衣服或其他布料等捂住口鼻和头部，避免灰尘呛闷发生窒息及意外事故，尽量活动手和脚，清除压在身上的各种物体，用周围可搬动的物品支撑身体上面的重物，避免塌落，扩大安全活动空间。条件允许时，应尽量设法逃避险境，朝更安全宽敞、有光亮的地方移动。

3. 积极建筑出口 被埋压后，要注意观察周围环境，寻找通道，设法爬出去，无法爬出去时，不要大声呼喊，当听到外面有人时，再呼叫，或敲击出声，向外界传递信息求救。无力脱险时，尽量减少体力消耗，寻找食物和水，并有计划使用，乐观等待时机，想办法与外面援救人员取得联系。

4. 维持生命 如果被埋在废墟下的时间比较长，救援人员未到，或者没有听到呼救信号，就要想办法维持自己的生命，防震包内的水和食品一定要节约，尽量寻找食品和饮用水，必要时自己的尿液也能起到解渴作用。

据有关资料显示，在房屋突然倒塌，震后 2 小时还无法获救的人员中，窒息死亡人数占死亡人数的 58%。他们不是在地震中因建筑物垮塌被砸死的，而是窒息死亡，如能及时救助，是完全可以保全性命的。

（四）煤矿灾害事故发生时的自救

矿井发生事故后，矿山救护队不可能立即到达事故地点进行抢救。实践证明，在事故初期，矿工如能及时采取措施，正确开展自救与互救，则可以减小事故危害程度，减少人员伤亡。所谓“自救”就是矿井发生意外灾害时，在灾区或灾害影响区的每个工作人员，进行避灾和保护自己的方法。现将煤矿发生灾害事故时的自救知识介绍如下：

1. 发生事故时在场人员行动原则

(1)及时报告灾情：发生灾害事故后，事故地点附近的人员应尽量了解或判断事故性质、地点和灾害程度，并迅速地利用最近处的电话或其他方式向矿调度室汇报，并迅速地向事故波及的区域发出警报，使其他工作人员尽快知道灾情。在汇报灾情时，要将看到的异常现象，听到的异常声响，感觉到的异常冲击如实汇报，不能凭主观想象判定事故性质，以免给领导造成错觉，影响救灾。

(2)积极抢救：灾害事故发生后，处于灾区内及受威胁区域的人员，应沉着冷静，根据实情和现场条件，在保证自身安全的前提下，采取积极有效的方法和措施，及时投入现场抢救，将事故消灭在初起阶段或控制在最小范围，最大限度地减少事故造成的损失。在抢救时，必须保持统一的指挥和严密的组织，严禁冒险蛮干和惊慌失措，严禁各行其是和单独行动；要采取防止灾区条件恶化和保障救灾人员安全的措施，特别要提高警惕，避免中毒、窒息、爆炸、触电、顶板二次垮落等再生事故的发生。

(3)安全撤离：当受灾现场不具备事故抢救的条件，或可能危及人员的安全时，应由在场负责人或有经验的老工人带领，根据矿井灾害预防和处理计划中规定的撤退路线和当时当地的实际情况，尽量选择安全条件最好，距离最短的路线，迅速撤离危险区域。在撤退时，要服从领导，听从指挥，根据灾情使用防护用品和器具；要发扬团结互助的精神和先人后己的风格，主动承担工作任务，照料好伤员和年老体弱者；遇有溜煤眼、积水区，垮落区等危险地段，应探明情况，谨慎通过。

(4)妥善避灾：如无法撤退(通路冒顶阻塞，在自救器有效工作时间内不能到达安全地点等)时，应迅速进入预先筑好的或就近地点快速建筑的临时避难硐(dong)室，妥善避灾，等待矿山救护队的援救，切忌盲动。

2. 事故发生后自救器的使用

(1)自救器的种类介绍：自救器是一种轻便、体积小、便于携带、带用迅速，作用时间短的个人呼吸保护装备。当井下发生火灾、爆炸、煤与瓦斯突出等事故时，供人员佩戴免于中毒或窒息之用。

①过滤式自救器。是利用装有化学氧化剂的过滤装置，将有毒有害空气氧化成无毒空气，供佩戴者呼吸用的保护器。使用于井下发生火灾、瓦斯(煤尘)爆炸事故灾害。该种仪器仅能防护火灾、爆炸事故中的一氧化碳，不能用于盲巷侦察。但是，火灾事故、爆炸事故灾区人员遇难者有98%是因一氧化碳中毒，因此该种仪器在这两类灾害中已满足自救要求，加之该类仪器体积小，重量轻(是隔绝式的1/2)，价格低而被广泛使用。

②隔绝式自救器。是利用化学生氧或压缩氧气，供矿工从灾区脱险用的呼吸保护器，可应用于各种灾害环境，与过滤式自救器相比，体积和重量为过滤式的2倍多，长时间携戴显得困难，价格贵。综合考虑，目前，低瓦斯矿井配过滤式的较多，高瓦斯矿配隔绝式，东源后所煤矿打磨沟二号矿井配的就是过滤式，大庆矿、兴云煤矿配的是压缩氧隔绝式自

救器。

(2)自救器的佩戴使用：自救器是井下发生灾害时，灾区人员佩戴逃生的专用装备，非灾害情况下禁止打开，也不允许随意佩戴进入。当井下发生火灾、瓦斯煤尘爆炸时使用应注意：

①戴上自救器后，外壳逐渐变热，吸气温度逐渐升高，表明自救器工作正常。绝不能因为吸气干热，而把自救器拿掉。

②化学氧自救器佩戴初期生氧剂放氧速度慢，如果条件允许(没有爆炸、被烧、被埋、被堵危险时)，应尽量缓慢行走，等氧气足够呼吸时再加快速度。撤退时最好按每小时 4～5 千米速度行走，呼吸要均匀，千万不要跑。

③佩戴过程中口腔产生的唾液可以咽下，也可任其自然流入口水盒降温器，绝不可拿下口具往外吐。

④在未达到可靠的安全地点前，严禁取下鼻夹和口具，以防有害气体毒害。

(3)避难硐室的设置与应用

①避难硐室的设置：避难硐室是供矿工在遇到事故时无法撤退而躲避待救的设施，分永久避难硐室和临时避难硐室。永久避难硐室事先设在井底车场附近或采区工作地点安全出口路线上，在突出矿井必须设置永久避难硐室，非突矿井很少达到该要求。临时避难硐室是利用独头巷道、硐室或两道风门之间的巷道，由灾区避灾人员临时就地取材构建的。所以，应在这些地点事先备有所需的木材、木桩、黏土、沙子、砖等材料，还应装有带阀门的压风管。若无上述材料时，避灾人员就用衣服和身边现有的材料临时构筑，以减少

有害气体侵入。临时避难硐室机动灵活，修筑方便，正确利用它，往往能发挥很好避难待救作用。

②在避难硐室内避难注意事项：一是在进入避难硐室前，应在硐室外留有衣物、矿灯等明显标志，以便救护队发现。二是待救时要保持安静，不急躁，尽量俯卧于巷道底部，以保持精力，减少氧气消耗，并避免吸入更多的有毒有害气体。三是硐室内只留一盏矿灯照明，其余矿灯全部关闭，以备再次撤退时使用。四是间断敲打铁器或岩石等发出呼救信号。五是全体避灾人员要团结互助，坚定信心。六是被水堵在山上时，不要向下跑出探望。水被排走露出棚顶时，也不要急于出来，以防二氧化碳（CO_2）、硫化氢（H_2S）等气体中毒。七是看到救护队员后，不要过分激动，以防血管破裂。八是待救时间长遇救后，不要过多食用食品，但应避光，以防损伤消化系统和眼睛。

四、坍塌发生的预兆与预防应急措施

（一）桥梁、建筑物坍塌的预兆

1. 桥梁坍塌的预兆 桥梁坍塌严重危害到人们生命健康及交通运输的安全，其后果非常严重。桥梁坍塌的预兆：

（1）地震发生后或发生时，桥梁容易坍塌。

（2）桥梁结构受到严重破坏，随时有坍塌的危险。

在地震发生后或发生时，最好不要在桥梁上行走。桥梁两端设有“禁止通行”的标志，不可贸然上桥。不能在竣工后还没有验收的桥梁上行走。

2. 建筑物坍塌的预兆 建筑行业是一个生产过程流动

性大、劳动力密集、多工种交叉作业、手工操作很多、劳动强度大、高处作业多、环境复杂多变的特殊行业，安全隐患无处不在。建筑物坍塌的预兆：

(1)建筑物根基附近出现地陷。

(2)土方或建筑物有裂纹或发出异常声音。

当建筑物发生坍塌后，造成人员被埋被压的情况，首先应该保护好现场，确认不会再次发生同类事故的情况下，立即组织人员抢救伤员。当只是少部分土方坍塌的时候，现场抢救人员应该用铁锹挖掘，注意不要伤到被埋、被压人员。如果建筑物整体倒塌，必须使用吊车和挖掘机进行抢救。伤者被救出后，应该用担架抬到安全处，马上输氧、输液。

(二)坍塌事故的预防及应急措施

这里讲的坍塌，是指施工基坑(槽)坍塌、边坡坍塌、基础桩壁坍塌、模板支撑系统失稳坍塌及施工现场临时建筑(包括施工围墙)倒塌等。

1. 防止坍塌事故的基本安全要求

(1)必须认真贯彻建设部“重申防止坍塌事故的若干规定”和“关于防止坍塌事故的紧急通知”精神，在项目施工中必须针对工程特点编制施工组织设计，编制质量、安全技术措施，经甲乙方及监理单位审批后实施。

(2)工程土方施工，必须单独编制专项的施工方案，编制安全技术措施，防止土方坍塌，尤其是制定防止毗邻建筑物坍塌的安全技术措施。

①按土质放坡或护坡。施工中，要按土质的类别，较浅的基坑，要采取放坡的措施，对较深的基坑，要考虑采取护壁

桩、锚杆等技术措施，必须有专业公司进行防护施工。

②降水处理。对工程标高低于地下水以下，首先要降低地下水位，对毗邻建筑物必须采取有效的安全防护措施，并进行认真观测。

③基坑边堆土要有安全距离。严禁在坑边堆放建筑材料，防止动荷载对土体的震动造成原土层内部颗粒结构发生变化。

④土方挖掘过程中，要加强监控。

⑤杜绝“三违”现象。

(3)模板作业时，对模板支撑宜采用钢支撑材料作支撑立柱，不得使用严重锈蚀、变形、断裂、脱焊、螺栓松动的钢支撑材料和竹材作立柱。支撑立柱基础应牢固，并按设计计算严格控制模板支撑系统的沉降量。支撑立柱基础为泥土地面时，应采取排水措施，对地面平整、夯实，并加设满足支撑承载力要求的垫板后，方可用以支撑立柱。斜支撑和立柱应牢固拉接，行成整体。

(4)严格控制施工荷载，尤其是楼板上集中荷载不要超过设计要求。

2. 发生坍塌事故的应急措施

(1)当施工现场的监控人员，发现土方或建筑物有裂纹或发出异常声音时，应立即报告给应急救援领导小组组长，并立即下令停止作业，并组织施工人员快速撤离到安全地带。

(2)当土方或建筑物发生坍塌后，造成人员被埋、被压的情况下，应急救援领导小组全员上岗，除应立即逐级报告给主管部门之外，应保护好现场，在确认不会再次发生同类事

故的前提下，立即组织人员进行抢救受伤人员。

(3)当少部分土方坍塌时，现场抢救组专业救护人员要用铁锹进行撮土挖掘，并注意不要伤及被埋人员；当建筑物整体倒塌时，造成特大事故时，由市应急救援领导小组统一领导和指挥，各有关部门协调作战，保证抢险工作有条不紊的进行。要采用吊车、挖掘机进行抢救，现场要有指挥并监护，防止机械伤及被埋或被压人员。

(4)被抢救出来的伤员，要由现场医疗室医生或急救组急救中心救护人员进行抢救，用担架把伤员抬到救护车上，对伤势严重的人员要立即进行吸氧和输液，到医院后组织医务人员全力救治伤员。

(5)当核实所有人员获救后，将受伤人员的位置进行拍照或录像，禁止无关人员进入事故现场，等待事故调查组进行调查处理。

(6)对在土方坍塌和建筑物坍塌死亡的人员，由企业及市善后处理组负责对死亡人员的家属进行安抚，伤残人员安置和财产理赔等善后处理工作。

3. 建筑工地安全生产口号

(1)遵章守法，关爱生命

(2)以人为本，安全第一

(3)安全第一、预防为主

(4)生命至高无上安全责任为天

(5)认真学习、坚决贯彻《建设工程安全生产条例》

(6)广泛开展“安全生产月”活动 深入贯彻《建设工程安全生产条例》

(7)严禁违章指挥、违章作业、违反劳动纪律

(8)安全责任重于泰山 人民利益高于一切

(9)麻痹是事故的根源,违章是丧命的起点

(10)遵章是安全的先导,违章是事故的预兆

(11)小洞不补大洞难堵,小患不防大患难当

(12)安全与效益是亲密姐妹,事故和损失是孪生兄弟

五、化学烧伤后的紧急自救与处理

化学烧伤是指化学物接触人体后,产生的局部损害及全身损害。化学烧伤包括强酸类烧伤、强碱类烧伤及磷烧伤等。①强酸。包括硫酸、硝酸和盐酸等,强酸腐蚀性强,引起局部疼痛,并结成酸性蛋白盐而形成颜色不同的厚痂。②强碱。包括氢氧化钠、氢氧化钾、石灰和氨水等,由于强碱对蛋白质的作用形成碱性蛋白盐,对脂肪起皂化作用,有较大的破坏力,能使碱向深部和周围侵蚀,其创底深凹,愈合很慢。磷烧伤因磷粒在体表自然产热,使局部疼痛。③磷烧。磷的白烟即是五氧化二磷,遇水形成磷酸,可从创面吸收引起肾脏和神经系统中毒。磷烟吸入呼吸道,可引起肺水肿。凡在与上述有关的生产厂家做工的农民工,在生产、运料、加工、保管、转运、运输、使用过程中,均可能受其毒害,必须提高警惕,加强防范。

(一)化学烧伤对人体的损害

其损害程度与化学物的性质、剂量浓度、接触时间及面积、处理是否及时及有效等因素有关。

1. 局部损害 化学物对局部组织的损害,有氧化作用、还原作用、腐蚀作用、原生质毒脱水作用及起疱作用等。这

是由化学物的性质所决定的。一种化学物质可同时存在以上几种，有的因本身燃烧而致烧伤，如磷烧伤；有的本身对健康皮肤并无损害，一旦着火燃烧，造成皮肤烧伤；药物即可通过创面吸收入体内引起中毒反应；一般酸烧伤由于组织蛋白凝固，形成一层痂壳，可预防进一步损害；碱烧伤后形成脂肪皂化，并可产生可溶性碱性蛋白，故对局部创面有继续损害的过程；磷烧伤后形成磷酸，可继续使组织损害。

2. 全身损害　化学药物可从正常皮肤创面、呼吸道、消化道等吸收引起中毒及内脏器官的破坏。化学烧伤的死亡率明显高于一般烧伤病人，就是由于化学毒物引起的中毒及其并发症所致。由于多数化学物质是由肝、肾排泄，故肝肾损害较多见。常见的有中毒性肝炎、急性肝坏死、急性肾衰竭及肾小管肾炎等。某些化学蒸汽直接刺激呼吸道而致损伤，不少挥发性物质由呼吸道排出亦刺激肺泡及呼吸道。可引起肺水肿及吸入损伤；有些化学物质可抑制物质由呼吸道排出亦刺激肺泡及呼吸道，可引起肺水肿及吸入性损伤；有些化学物质可抑制骨髓，破坏红细胞，引起贫血或溶血；有的还可引起中毒性脑病、脑水肿、神经损害、消化道溃疡及出血等。

（二）强酸类烧伤的表现与自救

1. 表现　化学烧伤常见的强酸有硫酸、硝酸、盐酸、石炭酸等。其对人体组织的损伤程度与酸的浓度及接触时间有关。它有强烈的腐蚀性，并能向深层侵蚀。硫酸烧伤的皮肤表现呈棕褐色，盐酸石炭酸的创面呈白色，硝酸的创面呈黄色。烧伤部位剧烈疼痛，皮肤组织溃烂。如果酸类通过口腔进入消化道，则口腔、食管、胃黏膜会造成腐蚀、糜烂、溃疡出血，黏膜发生水肿，甚至造成胃穿孔，严重者引起休克。

强酸烧伤发生率占酸烧伤的80.6%。酸烧伤后由于痂皮掩盖，早期对深度的判断较一般烧伤困难，不能因无水疱即判为轻度烧伤。强酸在液态时可引起皮肤烧伤，气态时吸入可致吸入性损伤，三种酸比较，在同样浓度下，液态时硫酸作用最强，气态时硝酸作用最强。气态硝酸吸入后，数小时即可出现肺水肿，被口服后均可造成上消化道烧伤、喉水肿及呼吸困难，甚至溃疡穿孔。

2. 急救处理 如系通过衣服浸透烧伤，应即刻脱去，并采取以下措施：

(1)立即用大量清水冲洗局部。

(2)用弱碱溶液中和，如苏打水、肥皂水，很淡的石炭水等。对石炭酸烧伤使用淡酒精中和为好。

(3)如果酸类物质经口咽下，应用黏膜保护剂牛奶、淀粉、稠米汤、面糊或氢氧化铝等口服。为防止胃穿孔，一般不应洗胃。

(4)剧烈疼痛者，应给予镇痛药，如布桂嗪(强痛定)、哌替啶(度冷丁)、吗啡等，防止疼痛性休克。患者如有呼吸困难，循环衰竭，应注射强心药、呼吸兴奋药、吸氧或做其他对症处理。

(5)较重的烧伤均应送医院治疗。

3. 并发症

(1)烧伤脓毒症表现

①精神兴奋、多语，谵妄，乃至错觉、幻觉、定向障碍，也有精神抑郁。

②舌质由红转绛、干燥少津、起芒刺，舌苔由白腻转黄或焦黄。

③体温骤升至 39、5℃以上或剧降至正常以下。

④呼吸急促，>35 次/分钟。

⑤心率变快，>140 次/分钟。

⑥腹胀、肠鸣音减弱或消失。

⑦创面急剧恶化，表现为潮湿、腐败、坏死斑、色泽晦暗、创缘凹陷、生长停滞、创面加深等。

⑧多数患者伴有多尿。当出现脓毒性休克时出现少尿。

(2)血行播散性真菌病：病情发展不如细菌性全身感染急剧，多发生于长期使用抗生素或中心静脉插管应用高渗葡萄糖等营养液之后。主要表现：

①持续高热者多。神志恍惚，“时明时暗”。心率明显增快。

②常发生口腔溃疡、吞咽困难、呛咳，咽拭子培养多有真菌生长。

③呼吸急促或不规则，可突发呼吸道痉挛，呼吸骤停。

④常有腹泻，排黏液黑便。

烧伤后全身性感染根据发病时期可以分为早期和后期两个阶段，两者发病特点和影响因素不同。

4. 预防　在化学灼伤事故原因分析中，由于设备陈旧，失修，保养不良，防护设备不全的占 65%；违规操作的占 30%。因此，为避免或减少化学灼伤事故的发生，必须不定期地进行陈旧设备的更新和良好地保养维修，加强一线生产工人的安全防护，包括防护服、防护眼镜、急救冲洗水及洗眼壶，盆等设施，经常进行安全生产教育，严格操作规程，并对工人进行有关化学物质的毒性、防护、急救等的教育。

（三）强碱类烧伤的自我救护

强碱类如苛性钠（氢氧化钠）、苛性钾（氢氧化钾）等，它们对人体的烧伤及腐蚀情况与强酸基本相同，但它能渗透到组织的较深层，故愈后形成瘢痕也较深。

急救处理：除用弱酸性溶液醋酸（食醋）等中和外，其他方法与强酸烧伤的急救相同。

1. 苛性碱烧伤

(1)表现：苛性碱是指氢氧化钠与氢氧化钾具有强烈的腐蚀性和刺激性。其烧伤后创面呈黏骨或皂状焦痂，色潮红一般均较深，通常在深二度以上，疼痛剧烈，创面坏死组织脱落后，创面凹陷，边缘潜行往往经久不愈。

(2)自救处理：在早期及时用流动冷水冲洗，冲洗时间要长，有人主张冲洗 24 小时，不主张用中和剂。深度创面亦应早期切痂。误服苛性碱后禁忌洗胃、催吐，以防胃与食管穿孔，可用小剂量橄榄油、5%醋酸或食用醋柠檬汁口服。对组织自然脱落形成肉芽创面者，在肉芽创面上以 1%枸橼酸溶液湿敷 24 小时可降低 pH 值提高植皮成活率。

2. 石灰烧伤

(1)生石灰烧伤的急救：生石灰（氧化钙）与水生成氢氧化钙（熟石灰）并放出大量的热能。石灰烧伤时创面较干燥呈褐色，较深，注意用水冲洗前，应将石灰粉末擦拭干净，以免产热加重创面，然后反复用水冲洗干净。如为眼部烧伤，应尽快而充分地使用生理盐水（现场使用自来水也可）对角膜及结膜囊进行彻底反复冲洗，彻底清查穹隆部隐藏的石灰

颗粒，冲洗时间 15～20 分钟。尽快送往医院救治。

(2)熟石灰烧伤的急救

①关键在于迅速脱离现场，转移到安全的地方。

②在将病人送往医院之前，应该对病人危及生命的合并伤，如窒息、大出血、骨折、颅脑外伤等进行准确的伤情判断，迅速给予必要的急救处理。

③尽快建立呼吸、静脉通道，适量补液，但应避免过多饮水，以免发生呕吐，单纯大量饮用自来水还可能发生水中毒。应该适量口服淡盐水或烧伤饮料。

④创面可暂不做特殊处理，简单清创即可，以免加重损伤、刺激病人。避免在创面上涂用有色外用药物。

(四)磷、氰化物、沥青烧伤的自救

1. 磷烧伤的表现与自救

(1)表现：磷系原生质毒，能抑制细胞的氧化过程。磷吸收后在肝、肾组织中含量较多，易引起肝、肾等脏器的广泛损害。磷烧伤后，病人主要表现为头痛、头晕、乏力、恶心，重者可出现肝、肾功能不全，肝肿大，肝区痛，黄疸，少尿或无尿，尿中有蛋白和管型。由于吸入性损伤及磷中毒可引起呼吸急促，刺激性咳嗽，肺部闻及干湿性啰音，重者可出现肺功能不全及呼吸窘迫综合征(ARDS)，胸片提示间质性肺水肿，支气管肺炎。部分病人可有低钙、高磷血症、心律失常、精神症状及脑水肿等。磷烧伤创面多较深，可伤及骨骼，创面呈棕褐色，三度创面暴露时可呈青铜色或黑色。

(2)自救处理：磷烧伤后应立即扑灭火焰，脱去污染的衣服，创面用大量清水冲洗或浸泡于水中，仔细清除创面上的磷颗粒，避免与空气接触。若一时无大量清水，可用湿布覆盖创面。为避免吸入性损伤，病人及救护者应用湿的手帕或口罩掩护口鼻，迅速将病人送往医院救治。

急救处理的原则，是灭火除磷、然后用有关液体包扎。如磷仍在皮肤上燃烧，应迅速灭火，用大量清水冲洗，冲洗后，再仔细察看局部有无残留磷质，也可在暗处观察，如有发光处，用小镊子夹剔除去，然后用浸透1%的硫酸铜纱布敷盖局部，以使残留磷生成黑色的二磷化三铜，然后再冲洗去。也可以用 3%过氧化氢或 5%碳酸氢钠溶液冲洗，使磷氧化为磷酐。如无上述药液，可用大量清水冲洗局部。

一般烧伤多用油纱布局部包扎，但在磷烧伤时应禁用。因磷易溶于油类，促使机体吸收而造成全身中毒，而改用 2.5%碳酸氢钠溶液敷 2 小时后，再用干纱布包扎。

对于全身中毒者，主要是采取保护肝脏的疗法，如静脉注射 50%高渗葡萄糖注射液，或静脉滴注 5%～10%的葡萄糖注射液，加入大量的维生素 C。服用保肝药物如肝泰乐。肾脏损伤出现蛋白尿、血尿者，可应用碱性药物如碳酸氢钠注射，卧床休息。对出血者，应用维生素 K。对出现休克或其他严重情况，进行对症处理。

2. 氰化物烧伤的表现与自救

(1)表现：乏力、胸痛、胸闷、头晕耳鸣、呼吸困难、心律失常，瞳孔缩小或扩大，阵发性或强直性抽搐、昏迷，最后呼吸、心跳停止而死亡。

(2)自救处理：尽早给予亚硝酸异戊酯和亚硝酸钠，在现场或运送途中，可给患者吸入亚硝酸异戊酯 0.2～0.4 毫升，每隔 15～30 秒至数分钟 1 次，不要超过 5～6 支，吸入至静脉注射亚硝酸钠为止。30%亚硝酸钠10～20毫升(6～12毫克/千克)以2～3毫升/分的速度静脉注射,然后在同一针头下给予25%硫代硫酸钠50毫升,必要时1小时重复注射1次,注射时速度勿快,以免引起低血压。局部创面应先用大量流动清水冲洗,然后用0.01%的高锰酸钾液冲洗,再用5%硫代硫酸钠冲洗。应该注意的是,亚硝酸钠及硫代硫酸钠对有机氰中毒无解毒作用,且亚硝酸钠本身对机体有损害作用。

3. 沥青烧伤的表现与自救

(1)表现:沥青又称柏油,有高度的黏合性,广泛用于房屋建筑、工程防腐防潮铺路等。液体沥青引起皮肤烧伤纯属热力作用,无化学致伤作用,其特点是不易清除、热能高、散热慢,故创面往往较深,且多发生于皮肤暴露部位,如手足、面部等处。

(2)自救方法:大射程沥青烧伤切忌用汽油擦洗,以免引起急性铅中毒。沥青烧伤后可即刻置于冷水中使其降温,之后再用橄榄油或香油清除创面上的沥青;也可用松节油拭擦,但其具有刺激性,故用于中小面积创面为宜。

4. 化学烧伤眼睛的急救处理

随着化学工业的发展,化学性眼灼伤有逐年增多的趋势。眼化学伤约占眼外伤的10%,致眼损伤的化学物质主要为酸碱类化学物质,多为液体。由于眼球组织脆弱,耐受力差,受伤的程度往往比身体其他部位更为严重。轻者可仅有刺激症状,不留后患;而重者病程长,后遗症严重,视力难以恢复,甚至失明,眼球萎缩,即使眼科医生也感到很棘手。

眼酸碱灼伤的程度不仅与酸碱物质的种类、浓度、接触时间、面积等有关，还取决于酸碱物质对眼组织的穿透力。

碱性物质与组织中的脂肪发生皂化反应，形成的化合物既能水溶又能脂溶，使碱性物质很快穿透眼组织。因此，即使在眼表面的碱性物质被冲洗干净后，碱性物质仍可向眼内深部组织扩散，故眼的碱灼伤对眼组织的破坏是持续性的，可引起角膜穿孔或失明。如接触氨水，10 秒钟角膜变混，15 秒内进入前房；5％氢氧化钠 30 秒钟就可使眼内房水 pH 值升高。酸性溶液多水溶性，可使组织蛋白发生凝固性坏死，这样在结膜及角膜表层组织上形成焦痂。这种焦痂可以减缓酸性物质继续向深部组织扩散。

眼酸碱灼伤不仅损害视功能，严重的还可影响受伤者的容貌。所以，对眼化学伤的防治应予以重视，特别是受伤时的紧急处理十分重要。尽快而充分的冲洗是急救的关键，自来水设施的工作场所应备有盖好的一盆清洁水。万一酸碱溅入眼内，应立即将面部浸入水盆，拉开眼睑转动眼球，摆动头部，特别要翻转上下眼睑，检查穹隆部有无隐藏的化学物质颗粒，浸洗 10～15 分钟。在进行现场急救处理后再到附近医院就诊。

（五）化学烧伤常见并发症及其预防

1. 化学烧伤常见并发症　化学烧伤常见并发症有：中毒性肝炎、急性肝坏死、急性肾衰竭、肾小管肾炎、贫血溶血、中毒性脑病、脑水肿神经损害、消化道溃疡及出血等。所以，凡是化学烧伤的农民工，不要麻痹，应立即到医院检查处理，以防并发症的发生。

2. 化学烧伤的预防举措

(1)最重要的是保护好眼睛！在化学实验室里应该一直佩戴护目镜(平光玻璃或有机玻璃眼镜)，防止眼睛受刺激性气体熏染，防止任何化学药品特别是强酸、强碱、玻璃屑等异物进入眼内。

(2)禁止用手直接取用任何化学药品，使用毒品时除用药匙、量器外必须佩戴橡皮手套，实验后马上清洗仪器用具，立即用肥皂洗手。

(3)尽量避免吸入任何药品和溶剂蒸汽。处理具有刺激性的、恶臭的和有毒的化学药品时，如硫化氢(H_2S)、二氧化氮(NO_2)、洁尔灭(C_{12})、一氧化碳(CO)、二氧化硫(SO_2)、三氧化硫(SO_3)、氯化氢(HCl)、氟化氢(HF)、浓硝酸、发烟硫酸、浓盐酸、乙酰氯等，必须在通风橱中进行。通风橱开启后，不要把头伸入橱内，并保持实验室通风良好。

(4)严禁在酸性介质中使用氰化物。

(5)禁止口吸吸管移取浓酸、浓碱、有毒液体，应该用洗耳球吸取。禁止冒险品尝药品试剂，不得用鼻子直接嗅气体，而是用手向鼻孔扇入少量气体。

(6)不要用乙醇等有机溶剂擦洗溅在皮肤上的药品，这种做法反而增加皮肤对药品的吸收速度。

(7)实验室里禁止吸烟、进食，禁止赤膊、穿拖鞋。

六、热烧伤的判断与紧急处理

烧伤(亦称灼伤)泛指由于热力对人体组织造成的损伤，常见的有火焰烧伤和热的液体造成的烫伤。某些非热力因素，如电、化学物质、射线等，亦可使人体组织遭受类似烧伤的损伤。

（一）热烧伤面积计算和深度判定

1. 热烧伤的定义 “烧伤”可由热水、蒸汽、火焰、电流、激光、射线、酸、碱、磷等各种因子引起。临床上常见的狭义的烧伤是指单纯由高温所造成的热烧伤，即由火焰、开水、蒸汽、热液体或热固体直接接触于人体所引起的烧伤都属于热烧伤。其烧伤程度取决于作用物体的温度和作用持续的时间。伤员的病情依据烧伤的面积和烧伤的部位及深度而定。烧伤面积越大、深度越深、对伤员生命的威胁就越大。

2. 烧伤面积的计算法 一般来说，在总体表面积中成人头颈部占9%，双上肢各占9%，躯干及会阴部占3×9%，臀部及双下肢占5×9%＋1%（46%）。由于烧伤的预后涉及许多因素，处置不当的话，轻症也可成为重症。所以，有条件的话，烧伤病人均应去医院诊治。当烧伤面积成人达20%和儿童达10%时，应急送医院。

3. 烧伤深度的计算法 至于烧伤深度，是指烧伤的组织深达哪一层组织。在国内，烧伤深度的估计方法是根据1970年上海全国烧伤学术会议的规定，使用三度四分法。也就是说把烧伤分为一度、二度、三度，即三度；一度、浅二度、深二度、三度，即四分。

（1）一度烧伤：是指表皮层受伤，累及角质层、透明层和颗粒层，基底细胞层完好无损。临床表现：局部红斑、灼痛感。2～3天脱屑愈合。可好转痊愈，脱屑而不留瘢痕。原因：阳光直射时间过长、热水烫伤后等。浅二度烧伤：水疱大、疱皮薄、基底潮红、剧痛至少要 2 周才能好转。原因：阳光直射时间过长、热水烫伤后等。

(2)二度烧伤：特点是伤及表皮层全层及部分真皮，临床上有水疱，可分为浅二度烧伤和深二度烧伤。浅二度烧伤和深二度烧伤的区别主要是：浅二度会很痛，呈锐痛；深二度则没那么痛，呈钝痛；浅二度水疱大，疱皮薄；深二度水疱小，疱皮较厚。如果水疱破了，浅二度创面呈红色，红得比较均匀，创面渗出液很多，很潮湿；深二度创面呈白中透红，不均匀，创面渗出没有浅二度多，只是显得有些湿润。过 1 天左右，深二度创面会出现细小、棕红、网状的血管栓塞征，而浅二度不会出现这种情况。如果没有感染，浅二度创面可在两周左右愈合，愈后没有瘢痕增生；深二度则需 4 周左右愈合，愈后有色素沉着和瘢痕增生。

深二度 水疱小、疱皮厚、基点潮红有出血点、有疼痛，3～5 周愈合，如继发感染则可发展为三度。原因：热锅油、高温金属等引起。

(3)三度烧伤：伤及皮肤全层，严重者可伤及肌肉、骨骼。局部皮肤皮革状、呈灰白甚或焦黑色、干燥、痛觉消失。3～5 周焦痂脱落，出现肉芽创面，一般需植皮方能愈合。原因：强酸、强碱等引起的灼伤等。由于皮肤全层被烧坏，神经末梢被破坏，所以反而不感到痛。创面上没有水疱，较干燥，可显得苍白、焦黄，9 天左右创面会出现粗大、黑、树枝状的血管栓塞征。三度创面要植皮才能愈合，其瘢痕增生与植皮形式有关。

热力烧伤的热作用可以持续一段时间；化学性烧伤，不管是强酸还是强碱，其作用持续时间更长，可达 4 天；电接触性烧伤，血管内膜受损，可以出现进行性坏死。所以，对烧伤深度估计有时需要在伤后2～3天才能确定。

4. 烧伤分度

轻度烧伤：二度以下烧伤，总面积在9%以下。

中度烧伤：二度烧伤，面积10%～29%或三度烧伤面积不足10%。

重度烧伤：总面积30%～49%或三度烧伤面积10%～19%或二度、三度烧伤面积虽不达上述百分比，但已发生休克等并发症、呼吸道烧伤或有较重的复合伤。

特重烧伤：总面积50%以上或三度烧伤20%以上或已有严重并发症。

（二）热烧伤的现场救护

发生热烧伤事故，应立即在出事现场对伤者采取急救措施，尽快使他与致伤因素脱离接触，以免继续损害深层组织。

1. 一般部位烧伤处理 伤员身上燃烧着的衣服一时难以脱下来，可让伤员躺在地上滚动，或用水喷洒扑灭火焰。切勿奔跑和用手拍打，以免助长火势，防止手被烧伤。如附近有浅河沟或水池，可让伤员跳入水中，如若肢体烧伤，可把肢体直接浸入冷水中灭火。

让伤员脱离致伤物后，要用清洁包布覆盖创面，做简单包扎，避免创面污染。不要随便把水疱弄破，更不要在创面上涂抹任何有刺激性的液体或不清洁的粉和油剂，因为这样既不能减轻疼痛，相反增加感染机会，增加创面处理时的困难。伤员口渴时，可给适量饮水或含食盐饮料。

伤员经现场处理后，要迅速转送医院救治。转送过程中要注意观察呼吸、脉搏、血压等的变化。

2. 特殊部位烧伤处理　特殊部位是指人体有特殊功能的部位，如头部面部、呼吸道等。

(1)头部面部烧伤处理：头部面部是一个多器官、多功能的部位，烧伤后常极度肿胀，且容易引起继发性感染，遭致形态改变、畸形和功能障碍。因此在抢救时要特别注意。

(2)呼吸道烧伤处理：吸入热气流或热蒸汽会使呼吸道黏膜充血水肿，严重者甚至黏膜坏死、脱落，导致气道阻塞。吸入火焰烟雾或化学蒸汽烟雾，使支气管痉挛，肺充血水肿，降低通气功能而造成呼吸窘迫。由于呼吸道烧伤属于内脏烧伤，容易被漏诊而延误抢救，以致造成早期死亡。

人们在火灾现场大声呼喊，或人在火区失去知觉，都易吸入热气流、火焰。伤员出现口干、咽喉部疼痛、声音嘶哑、痰中带烟尘屑的情况，都属于有呼吸道烧伤可能的揭示。发现这类情况，要密切观察伤员有无进展性呼吸困难，并及时送医院做进一步诊断治疗。

(3)小面积烫伤的处理：小面积烫伤后，应马上冷敷，越快越好。可用净水冲在烫伤部的略上方部位，水不要开得太大，可连续冲十几分钟。这样不仅可缓解疼痛，也可防止烫伤向深部延伸。如果烫伤部位出现水疱，不要去挑破，而应该用干净的纱布垫着再用绷带包扎好，去医院处理。千万不要用氧化锌油膏、酱油等土办法去处理伤口，因为很容易引起伤口感染。

(4)大面积烧伤的处理：为了争取时间和防止弄破水疱，可以穿着衣服(如外衣很脏，可先脱去外衣)用水冲冷却，冲5～20 分钟，然后再轻轻地脱去衣服，用干净纱布包扎伤口。

对于一度烧伤不必过于担心，但烧伤面积大的，一定要送医院处理。烧伤部位容易感染，所以一定要用干净纱布包好。面积大者，要用干净被单包好。烧伤引起脱水、血压下降会导致休克，所以要让肢体略抬高些。

(5)衣服烧着时的处理：衣服被烧着时，赶快脱掉，紧急时也可以一面放水，一面弄湿地面，伤员可倒在地上滚动灭火，内衣裤、鞋袜等来不及脱下时，可以用水浇着灭火，头发烧着可以放在淋浴器、水龙头底下冲水或用湿毛巾灭火。

(6)寒冷季节烧伤的处理：可以用冷、湿毛巾捂着上医院。注意冷敷的程度不能过度，其他部位应采取保暖措施。如果用冷水冲洗时间过长，反会使体温下降，引起其他疾病。对于烧伤的急救处理，最基本的是注意清洁，以防感染；其次是冷敷中的保温，尤其是对孩子和老年人。

七、触电后的紧急处理及其预防

(一)常见触电事故的原因与规律

从大量的触电事故分析及生产实践经验中，总结出触电事故的原因和触电事故发生的规律。

1. 触电事故发生的原因

(1)缺乏电气安全知识：农民工安全用电意识淡薄。如带电拉高压隔离开关；用手触摸破的胶盖刀闸；让儿童走进工地玩弄带电导线等。

(2)违反操作规程：如在高低压共杆架设的线路电杆上检修低压线或广播线；剪修高压线附近树木而接触高压线；在高压线附近施工，或运输大型货物，施工工具和货物碰击

高压线；带电接临时明线及临时电源；火线误接在电动工具外壳上；用湿手拧灯泡；带式照明灯使用的电压不符合安全电压等。

(3)电气设备不合格：如闸刀开关或磁力启动器缺少护壳而触电；电气设备漏电；电炉的热元件没有隐蔽；电器设备外壳没有接地而带电；配电盘设计和制造上的缺陷，使配电盘前后带电部分易于触及人体；电线或电缆因绝缘磨损或腐蚀而损坏；在带电下拆装电缆等。

(4)维修不善：如大风刮断的低压线路未能及时修理；胶盖开关破损长期不修；瓷瓶破裂后火线与拉线长期相碰等。

(5)偶然因素：如大风刮断的电线恰巧落在人体上等。

从以上触电原因分析中，可以看出，除了偶然因素外，其他的都是可以避免的。

2. 触电事故发生的规律　触电事故的季节性明显，统计资料表明，一年之中二、三季度事故较多，而且6～9月最集中。这与夏秋季多雨、天气潮湿，降低了电气设备的绝缘性能有关。

(1)低压触电事故多于高压触电事故：主要原因是低压设备多，低压电网广泛，与人接触机会多，加上低压设备管理不严，思想麻痹等。低压触电事故，主要发生在远离变压器和总开关的分支线路部分，尤其是线路的末端，即用电设备上，包括照明和动力设备。其中属于人体直接接触正常运行带电体的直接电击者要少于间接触及者，即因电气设备发生故障，人体触及意外带电体而发生触电事故的较多。

(2)单相触电事故多：单相触电事故占总触电事故的70％以上。低压系统触电事故大多数是电击造成的，按其形成方式可以分为三种电击:单线电击、双线电击和跨步电压电击。

①单线电击。是人体站立地面,手部或其他部位触及带电导体造成的电击。

②双线电击。是人体不同部位触及对地电压不同的两相带电导体造成的电击,其危险性大于单线电击。

③跨步电压电击。是人的两脚处在对地电压不同的两点造成的电击。电流向接地极或碰地处的四周散开去,而在地面上呈现出不同的电位分布,当人的两脚站在带有不同电位的地面上时,两脚间所呈现的电位差即为跨步电压。此时,人体的各部位虽然没有直接接触电线,但由于两脚间有电位差,人体内便有电流通过,也可产生电击。由于跨步电压随着接地极的距离增加呈衰减趋势,超过 20 米,则跨步电压即为零。

(3)分支线上的触电事故多:触电发生在变压器出口总干线上的少,而发生在分支线上的多,且发生在远离总开关线路部分的更为普遍。这是因为,人们在检修或接线时贪图方便,带电接线。插销、开关、熔断器、接头等连接部位,容易接触不良而发热,造成电气绝缘和机械强度下降,致使这些部位易发生触电事故。

(4)误操作触电事故较多:由于电气安全教育不够,电气安全措施不完备,致使受害者本人或他人误操作造成的触电事故较多。从触电者的年龄来看,青、中年普通工人较多,这些人是电气的主要操作者,有的还缺乏电气安全知识、经验不足,以及思想麻痹等。

（二）触电后的急救举措

对于触电者的急救应分秒必争。发生呼吸、心跳停止的病人，病情都非常危重，这时应一面进行抢救，一面紧急电话拨打120前来抢救，或急送就近医院进行抢救治疗；在转送病人去医院途中，抢救工作不能中断。

1. 触电后的急救与互救

(1)关掉电闸，切断电源，然后施救：无法关断电源时，可以用木棒、竹竿等将电线挑离触电者身体。如挑不开电线或其他致触电的带电电器，应用干的绳子套住触电者拖离，使其脱离电源。救援者最好戴上橡皮手套，穿橡胶运动鞋等。切忌用手去拉触电者，不能因救人心切而忘了自身安全。

(2)对神志清醒者应就地平卧、严密观察：若伤者神志清醒，呼吸、心跳均自主，应让伤者就地平卧，严密观察，暂时不要站立或走动，防止继发休克或心衰。

(3)对丧失意识、呼吸心跳停止者的救护：伤者丧失意识时要立即叫救护车，并尝试唤醒伤者。呼吸停止，心搏存在者，就地平卧解松衣扣通畅气道，立即口对口人工呼吸。心搏停止，呼吸存在者，应立即做胸外心脏按压。

(4)口对口人工呼吸与胸外心脏按压：若发现其心跳呼吸已经停止，应立即进行口对口人工呼吸和胸外心脏按压等复苏措施（少数已证实被电死者除外），一般抢救时间不得少于60～90分钟。直到使触电者恢复呼吸、心跳，或确诊已无生还希望时为止。现场抢救最好能两人分别施行口对口人工呼吸及胸外心脏按压，以1∶5的比例进行，即人工呼吸1次，心脏按压5次。如现场抢救仅有1人，用15∶2的比例进行胸外心脏按压和人工呼吸，即先做胸外心脏按压15次，再口对口人工呼吸2次，如此交替进行，抢救一定要坚持到底。

2. 处理电击的注意事项

(1)处理电击伤时，应注意有无其他损伤。如触电后弹离电源或自高空跌下，常并发颅脑外伤、血气胸、内脏破裂、四肢和骨盆骨折等。

(2)现场抢救中，不要随意移动伤员，若确需移动时，抢救中断时间不应超过30秒。移动伤员或将其送医院，除应使伤员平躺在担架上并在背部垫以平硬阔木板外，应继续抢救，心跳呼吸停止者要继续人工呼吸和胸外心脏按压，在医院医务人员未接替前救治不能中止。

(3)对电灼伤的伤口或创面不要用油膏或不干净的敷料包敷，而用干净的敷料包扎，或送医院后待医生处理。

(4)碰到闪电打雷时，要迅速到就近的建筑物内躲避。在野外无处躲避时，要将手表、眼镜等金属物品摘掉，找低洼处伏倒躲避，千万不要在大树下躲避。不要站在高墙上、树木下、电杆旁或天线附近。

(三)预防触电事故的措施

1. 触电事故预防措施

(1)坚持电气专业人员持证上岗，非电气专业人员不准进行任何电气部件的更换或维修。

(2)建立临时用电检查制度，按临时用电管理规定对现场的各种线路和设施进行检查和不定期抽查，并将检查、抽查记录存档。

（3）检查和操作人员必须按规定穿绝缘胶鞋、戴绝缘手套；必须使用电工专用绝缘工具。

（4）临时配电线路必须按规范架设，架空线必须采用绝缘导线，不得采用塑胶软线，不得成束架空敷设，不得沿地面明铺。

（5）施工现场临时用电的架设和使用必须符合《施工现场临时用电安全技术规范》（即 JGJ46－88）的规定。

（6）施工机具、车辆及人员，应与线路保持安全距离。达不到规定的最小距离时，必须采用可靠的防护措施。

（7）配电系统必须实行分级配电。现场内所有电闸箱的内部设置必须符合有关规定，箱内电器必须可靠、完好，其选型、定值要符合有关规定，开关电器应标明用途。电闸箱内电器系统需统一样式，统一配置，箱体统一刷涂橘黄色，并按规定设置围栏和防护棚，流动箱与上一级电闸箱的连接，采用外搽连接方式（所有电箱必须使用定点厂家的认定产品）。

（8）工地所有配电箱都要标明箱的名称、控制的各线路称谓、编号、用途等。

（9）应保持配电线路及配电箱和开关箱内电缆、导线对地绝缘良好，不得有破损、硬伤、带电体裸露、电线受挤压、腐蚀、漏电等隐患，以防突然出事。

（10）独立的配电系统必须采用三相四线制的接零保护系统，非独立系统可根据现场的实际情况采取相应的接零或接地保护方式。各种电气设备和电力施工机械的金属外壳、金属支架和底座必须按规定采取可靠的接零或接地保护。

（11）在采取接地和接零保护方式的同时，必须设两级漏电保护装置，实行分级保护，形成完整的保护系统。漏电保护装置的选择应符合规定。

(12)为了在发生火灾等紧急情况时能确保现场的照明不中断,配电箱内的动力开关与照明开关必须分开使用。

(13)开关箱应由分配电箱配电。注意一个开关控制两台以上的用电设备不可一闸多用,每台设备应有各自的开关箱,严禁一个开关控制两台以上的用电设备(含插座),以保证安全。

(14)配电箱及开关箱的周围应有两人同时工作的足够空间和通道,不要在箱旁堆放建筑材料和杂物。

(15)各种高大设施必须按规定装设避雷装置。

(16)分配电箱与开关箱的距离不得超过 30 米;开关箱与它所控制的电气设备相距不得超过 3 米。

(17)电动工具的使用应符合国家标准的有关规定。工具的电源线、插头和插座应完好,电源线不得任意接长和调换,工具的外绝缘应完好无损,维修和保管有专人负责。

(18)施工现场的照明一般采用 220 伏电源照明,结构施工时,应在顶板施工中预埋管,临时照明和动力电源应穿管布线,必须按规定装设灯具,并在电源一侧加装漏电保护器。

(19)电焊机应单独设开关。电焊机外壳应做接零或接地保护。施工现场内使用的所有电焊机必须加装电焊机触电保护器。接线应压接牢固,并安装可靠防护罩。焊把线应双线到位,不得借用金属管道、金属脚手架、轨道及结构钢筋做回路地线。焊把线无破损,绝缘良好。电焊机设置点应防潮、防雨、防砸。

2. 严格遵守预防触电的“三大纪律”

一是电气作业人员对安全必须高度负责,应认真贯彻执行有关各项安全工作规程，安全技术措施必须落实。安装电气必须符合绝缘和隔离要求，拆除电气设备要彻底、干净。对电气设备金属外壳一定要有效接地。电气作业人员要正确使用绝缘的手套、鞋、垫、夹钳、杆和验电笔等安全工具。

二是加强全员的防触电事故教育，提高全员防触电意识；健全安全用电制度；严禁无证人员从事电工作业；使用电气设备要严格执行安全规程。

三是针对发生触电事故高峰值带有季节性的特点做好防范工作。据有关资料表明，6～9月发生的触电事故占全年发生数的70%左右，而7月发生数又占事故高峰期的40%以上。在高温多雨季节到来以前，要全面组织好电气安全检查，对移动式电动工具要列入重点检查。也要做好日常对电气的保养、检查工作。

八、毒气中毒的救治与自救

2009年9月8日凌晨，兰州市西固区一家化工企业发生有害气体泄漏，数千名群众被疏散。截至目前统计，因反应不适入院检查人数为354人，无症状出院人数为335人，有19人留院观察。

（一）有毒气体何其多

农民工凡在下述生产单位生产、包装、搬运、储藏、运输、使用，接触如下气体者，均可造成毒气中毒。这些气体是：

1. 金属、类金属　常见的有铅、汞、锰、镍、铍、砷、磷及其化合物等。

2. 刺激性气体　是指对眼和呼吸道黏膜有刺激作用的

气体，它是化学工业常遇到的有毒气体。刺激性气体的种类甚多，最常见的有氯、氨、氮氧化物、光气、氟化氢、二氧化硫、三氧化硫和硫酸二甲酯等。

3. 窒息性气体 是指能造成机体缺氧的有毒气体，窒息性气体可分为单纯窒息性气体、血液窒息性气体和细胞窒息性气体。如氮气、甲烷、乙烷、乙烯、一氧化碳、硝基苯的蒸汽、氰化氢、硫化氢等。

4. 农药 包括杀虫剂、杀菌剂、杀螨剂、除草剂等。农药的使用对保证农作物的增产起着重要作用，但如生产、运输、使用和贮存过程中未采取有效的预防措施，可引起中毒。

5. 有机化合物 大多数属有毒有害物质，二甲苯、二硫化碳、汽油、甲醇、丙酮等，苯的氨基和硝基化合物，如苯胺、硝基苯等。

6. 高分子化合物 高分子化合物本身无毒或毒性很小，但在加工和使用过程中，可释放出游离单体对人体产生危害，如酚醛树脂遇热释放出苯酚和甲醛具有刺激作用。某些高分子化合物由于受热、氧化而产生毒性更为强烈的物质，如聚四氟乙烯塑料受高热分解出四氟乙烯、六氟丙烯、八氟异丁烯，吸入后引起化学性肺炎或肺水肿。高分子化合物生产中常用的单体，多数对人体有危害。

（二）一氧化碳中毒的表现与急救

1. 中毒原因 凡是含碳的物质，如煤、木材等在燃烧不完全时都可产生一氧化碳（CO）。一氧化碳进入人体后很快与血红蛋白结合，形成碳氧血红蛋白，而且不易解离。一氧化碳的浓度高时还可与细胞色素氧化酶的铁结合，抑制细胞呼吸而中毒。

2. 中毒表现　有造成一氧化碳中毒的环境，如燃烧、浓烟等，且缺乏良好的通风设备。伤员有头痛、心悸、恶心、呕吐、全身乏力、昏厥等症状，重者昏迷、抽搐，甚至死亡。根据一氧化碳中毒的程度可分为三度：①轻度。血碳氧血红蛋白在10%～20%，有头痛、眩晕、心悸、恶心、呕吐、全身乏力或短暂昏厥，脱离环境可迅速消除。②中度。血碳氧血红蛋白在30%～40%，除上述症状加重外，皮肤黏膜呈樱桃红色，脉快，烦躁，常有昏迷或虚脱，及时抢救，日后可完全恢复。③重度。血碳氧血红蛋白在50%以上。除上述症状加重外，病人可突然昏倒，继而昏迷。可伴有心肌损害，高热惊厥、肺水肿、脑水肿等，一般可产生后遗症。

3. 急救处理　立即将病人移到空气新鲜的地方，松解衣服，但要注意保暖。对呼吸、心跳停止者立即行人工呼吸和胸外心脏按压，并肌注呼吸兴奋药，山梗菜碱或回苏灵等，同时给氧。昏迷者针刺人中、十宣、涌泉等穴位。病人自主呼吸、心跳恢复后方可送医院。

若有条件时，可做一般性后续治疗：①纠正缺氧改善组织代谢。可采用面罩鼻管或高压给氧，应用细胞色素C 15毫克(用药前须做过敏试验)，辅酶A 50单位，三磷腺苷(ATP)20毫克，静脉滴注，以改善组织代谢。②减轻组织反应。可用地塞米松10～30毫克，静脉滴注，每日1次。③高热或抽搐者。用冬眠疗法，脑水肿者用甘露醇或高渗糖进行脱水等。④严重者。可考虑输血或换血，使组织能得到氧合血红蛋白，尽早纠正缺氧状态。

(三)地下建筑内窒息的表现与急救

1. 中毒原因 一些建筑设计不合理的地下室、防空洞、贮藏室等由于通风条件差,其空气成分与外界大气成分有很大差别。离地面越远、通风越差,加上其中的贮藏物发生腐烂或火灾时,其空气的变化也就越大。地下建筑中的气体成分、比例的改变,基本上表现为下列3个方面:①氧气含量显著降低。②二氧化碳含量增高。③其他有毒气体的产生。人若进入氧含量下降、二氧化碳含量增高的地下建筑内就可引起缺氧窒息,如果里面还含有其他有毒气体,则危害更大。

2. 中毒表现 中毒症状主要是缺氧窒息。一般表现为头晕、头痛、耳鸣、眼花、四肢软弱无力,相继有恶心、呕吐、心慌、气短、呼吸逐渐急促,变得快而浅。随着缺氧的加重,意识逐渐模糊,全身皮肤、嘴唇、指甲等呈现明显的发绀,血压下降,瞳孔散大,病人陷入昏迷状态,最后因呼吸困难,缺氧窒息而死亡。

3. 急救处理 首先使患者脱离中毒环境,转到地面上或通风良好的地方,然后再做其他有关处理。

在消防人员需要深入到地下建筑以前,最好先测试一下其中的空气成分,若在紧急情况下,没有现成的仪器,则可取一蜡烛点着,用绳索慢慢地吊入下面,从火着、火灭来判断情况,循情进入。

根据测定情况,决定是先进入或是先改善地下建筑的空气状况。这时可使用鼓风机等促进通风,切忌盲目入内,既救不了别人,又害了自己。

经过通风处理后,救护人员方可入内救人。但为了保障安全，预防意外发生，仍需用安全绳、导引绳等，若用防毒面具，则更为理想。

救出的人员，应立即移至空气新鲜通风良好的地方，松开衣领、内衣、乳罩和腰带等。对呼吸困难者立即给予氧气吸入，或做口对口人工呼吸，必要时注射呼吸中枢兴奋药。对心跳微弱已不规则或刚停止者，同时施行胸外心脏按压，注射肾上腺素等。

救援者本人进入地下建筑内后，若感到头晕、眼花、心慌、呼吸困难等症状，应立即返回，以免中毒。即使佩戴防毒面具，也应严格计算时间，切勿大意。

（四）硫化氢中毒的表现与急救

1. 中毒原因　硫化氢是含硫有机物分解或金属硫化物与酸作用而产生的一种气体。无色，具有臭鸡蛋味，易挥发，燃烧时可产生蓝色火焰。硫化氢广泛存在于制糖、制药、纤维业、染纺业，以及城市下水道内，消防人员在扑灭这类火灾或抢险救援过程中，应特别警惕硫化氢中毒。

2. 中毒表现　急性中毒时局部刺激症状为流泪、眼部烧灼疼痛、怕光、结膜充血；剧烈的咳嗽，胸部胀闷，恶心呕吐，头晕头痛，随着中毒加重，出现呼吸困难，心慌，颜面发绀，高度兴奋，狂躁不安，甚至引起抽风，意识模糊，最后陷入昏迷，人事不省，全身发绀。如果暴露在 980～1 260 毫克/立方米的浓度下只需 15 分钟，患者即陷入昏迷，随之呼吸麻痹而死亡。

3. 急救处理　迅速将患者抬离中毒现场，移至空气新鲜通风良好处，解开衣扣、裤带等，注意保暖。吸入氧气，对呼吸停止者行人工呼吸，应用呼吸兴奋药。必要时行胸外心脏按压。10％硫代硫酸钠 20～40 毫升，静脉滴注，维生素 C 加入高渗葡萄糖注射液中，静脉注射。亚甲蓝 10 毫克/千克体重，加入 50％葡萄糖液注射液中，静脉滴注。对躁动不安、高热昏迷者，可采用亚冬眠或冬眠疗法。眼部损伤者，尽快用清水或 2％碳酸氢钠溶液冲洗，再用 4％硼酸水洗眼，并滴入无菌橄榄油，用醋酸可的松滴眼，防止结膜炎的发生。

（五）氧化亚氮（笑气）中毒的表现与急救

1. 中毒原因 氧化亚氮（N_2O），俗称笑气，是一种无色气体，对人体呼吸道黏膜具有强烈的刺激作用，可引起支气管、肺部的炎症，肺毛细血管渗透性增强而致肺水肿；吸收入血后，呈现亚硝酸样作用，可引起血管扩张，血压下降；使血红蛋白形成变性血红蛋白，失去带氧能力。笑气与工农业生产、医疗卫生、军事等行业有着密切联系，扑救这类火灾时容易引起中毒。

2. 中毒表现 人吸入毒气后，先出现局部刺激症状，如咽喉发热发辣，刺激性咳嗽等，继之出现头晕、恶心、呕吐、胸痛；严重时，因变性血红蛋白之故，致使机体发绀、缺氧、喘息、血压下降，最后昏迷、死亡。

3. 急救处理 迅速将患者抬离中毒现场，移至通风良好处吸氧。若有明显发绀，呼吸困难，可给予亚甲蓝静脉注射，剂量为每千克体重 1 毫克，其他对症处理。

（六）氯气中毒的表现与急救

1. 毒理原因 氯是一种黄绿色具有强烈刺激性味的气

体，并有窒息臭味，许多工业和农药生产都离不开氯。氯对人体的危害主要表现在对上呼吸道黏膜的强烈刺激，可引起呼吸道烧伤，急性肺水肿等，从而引发肺和心脏功能急性衰竭。

2. 中毒表现　吸入高浓度的氯气，如每升空气中氯的含量超过 2～3 毫克时，即可出现严重症状：呼吸困难、发绀、心力衰竭，病人很快因呼吸中枢麻痹而致死，往往仅数分钟至 1 小时，称为“闪电样死亡”。较重度中毒，病人首先出现明显的上呼吸道黏膜刺激症状：剧烈的咳嗽、吐痰、咽喉疼痛、发辣、呼吸急促、颜面发绀、气喘。当出现支气管肺炎时，肺部听诊可闻及干、湿性啰音。中毒继续加重，造成肺水肿，引起急性肺水肿，全身情况也趋衰竭。

3. 急救处理　迅速使伤员脱离现场，移至通风良好处，脱下中毒时所着衣服鞋袜，注意给病人保暖，并让其安静休息。为解除病人呼吸困难，可给其吸入 2%～3%的温湿小苏打溶液或 1%硫酸钠溶液，可减轻氯气对上呼吸道黏膜的刺激作用。

抢救中应当注意，氯中毒病人有呼吸困难时，不应采用徒手式的压胸等人工呼吸方法。这是因为氯对上呼吸道黏膜具有强烈刺激，可引起支气管肺炎甚至肺水肿。这种压式的人工呼吸方法会使炎症、肺水肿加重，有害无益。

酌情使用强心药，如毛花苷丙（西地兰）等。鼻部可滴入 1%～2%麻黄碱，或 2%～3%普鲁卡因加 0.1%肾上腺素溶液。由于呼吸道黏膜受到刺激腐蚀，故呼吸道失去正常保护功能，极易招致细菌感染，因而对中毒较重的病人，可应用抗生素预防感染。

（七）天然气中毒的表现与急救

1. 中毒原因 天然气的主要成分是甲烷、乙烷、丙烷及丁烷等低分子量的烷烃，还含有少量的硫化氢、二氧化碳、氢、氮等气体。常用的天然气含甲烷85%以上。常因火灾、事故中漏气、爆炸而中毒。

2. 中毒表现 主要为窒息，若天然气同时含有硫化氢则毒性增加。早期有头晕、头痛、恶心、呕吐、乏力等，严重者出现直视、昏迷、呼吸困难、四肢强直、去皮质综合征等。

3. 急救处理 迅速使病人脱离中毒现场，吸氧或新鲜空气。对有意识障碍者，以改善缺氧，解除脑血管痉挛、消除脑水肿为主。可吸氧，用氟美松、甘露醇、呋塞米（速尿）等静脉滴注，并用脑细胞代谢剂如细胞色素C、三磷腺苷（ATP）、维生素B_6和辅酶A等静脉滴注。轻症患者仅做一般对症处理。

（八）光气中毒的表现与急救

1. 中毒原因 光气，又名氧氯化碳，碳酰氯，氯代甲酰氯。双光气、三光气、甲醛、二氯甲烷是其相似物质。性状为无色或略带黄色气体（工业品通常为已液化的淡黄色液体），浓缩时具有强烈刺激性气味或窒息性气味。光气是一种无色透明或白色的液体，极易挥发，沸点为8.2℃，气体比空气重3.5倍，易溶于水，气体熔点为104℃。光气广泛应用于许多化学工业上。在制造光气时，生产过程密闭化不好造成泄漏及室内通风不良、火灾皆能造成中毒。

2. 毒理作用 光气的毒理作用与氯气相似，但比氯气强15.5倍，具有强烈的刺激及腐蚀性，它对细小支气管，尤其是肺泡的毒性极强，造成肺毛细血管内皮损伤，渗透性增高，病人多发生肺水肿。这样，可导致病人缺乏氧气逐渐窒息。再则，血液因其血浆总量之1/3～1/2渗入肺泡，血液高度浓缩黏稠，血红蛋白常超过140%，致使心脏因血液过于黏稠而使循环发生困难，也加重了缺氧。

3. 中毒表现 吸入高浓度的光气，如每立方米空气含光气150毫克以上时，只需30分钟病人即可致死。中毒时，病人先有局部刺激症状，同氯气中毒相似，如两眼烧灼、咽喉干燥发热，以后迅速出现刺激性咳嗽、咳痰（痰中带血）、呼吸变快、喘息、面部发绀，病人血压逐渐下降，脉搏细弱无力，全身皮肤转为灰白色，最后可因呼吸、循环衰竭而死亡。亦有当时未死者，但多伴有继发感染致死。中毒较轻时，出现一般呼吸道炎症，经治疗多能痊愈。

4. 急救措施 原则上与氯气中毒之急救治疗相同，但因其中毒症状比氯气中毒为重，故在治疗、护理上更应积极慎重。

（九）有毒空间作业毒气中毒的预防

1. 严格按照操作规程进行操作 在使用或接触有毒有害气体时，应按照规定佩戴有效的个体防护用品，如气体检测仪、防毒面具、防护镜等。

2. 保证通风良好 开通作业场所的通风排毒设施，保证作业现场空气流通。

3. 注意氧浓度的检测 进入密闭容器和密封场所进行维修和清理时，应做好容器内有毒气体浓度和氧浓度检测，确认安全后方可进入。济南瑞安仪表有限公司生产的有毒气体泄漏检测仪，是最新研制的新一代高科技电子产品。这种仪器携带方便，适用于油田、气田、下水道、车间、酒店、宾馆、化工厂、制药、冶金、燃气站、燃气泵房（站）等乙醇使用、贮存、产生的场所。有毒气体泄漏检测仪能有效地避免因有毒气体泄漏而引起的火灾、爆炸、中毒等人身伤亡事故和财产损失。有毒气体泄漏检测仪通过了消防产品质量监督部门的检验。有毒气体泄漏检测仪采用单片微型电脑控制器做信号处理机构，气体检测元件是采用进口的专用传感器，具有灵敏度高、工作稳定、使用寿命长、功耗低等优点。

设备内部展开作业。进罐人员必须穿戴工作服、工作鞋、工作手套、戴空气呼吸器防毒面具；还要带上信号绳和保险带，罐外设立专人监护，进罐时间不宜太长，一般为 15～20 分钟为宜，轮班作业。另外，现场应有医护人员值班。

4. 制定突发事件应急救援预案 一旦发生意外，按方案开展救援，防止发生伤亡事故和次生事故。

急性中毒一旦发生时，应首先切断毒性危险化学品来源。关闭阀门，堵塞发生泄漏的部位，停止输送物料。毒性危险化学品大多是由呼吸系统或皮肤进入体内。因此，救护人员在救护之前应做好自身呼吸系统皮肤的防护。如穿好防护衣，佩戴供氧式防毒面具或氧气呼吸器。否则，不但中毒者不能获救，救护者也会中毒，使中毒事故扩大。其次迅速将中毒者移至空气新鲜、通风良好的地方，给予急救药物并拨打急救电话。在抢救抬运过程中，不能强拖硬拉以防造成外伤，使病情加重，应松开患者衣扣、腰带并使其仰卧，以保持呼吸道通畅。

(十)有限空间毒气中毒的预防

1. 有限空间作业中毒死亡事故的警告　一名环卫工人,在疏通北京市丰台区枣林街,一公共厕所化粪池时中毒窒息,2 名同事先后下池施救,结果 3 人都不幸死亡。据了解 3 人的死因为硫化氢中毒。

化粪池属于有限空间。夏季气温高,各种有毒有害气体积聚挥发的速度比较快,所以有限空间作业中毒窒息事故发生率大大提高。

北京市安监局为此发布安全警示:从事有限空间作业的企业或单位,在作业人员进入有限空间前,必须按照有关规定进行通风、检测等,要为作业人员配备合格的个人劳动防护用品,并要求作业人员正确使用。作业现场要安排专人进行监控。一旦发生中毒事故,有关人员要立即报警求救,禁止在未采取安全防护措施的情况下盲目施救,造成伤亡扩大化。

2. 有限空间作业造成的三大危害　有限空间是指封闭或部分封闭,进出口较为狭窄,未被设计为固定工作场所,自然通风不良,易造成有毒有害、易燃易爆物质积聚或氧含量不足的空间。有限空间作业主要存在以下危害。

(1)中毒危害:有限空间内容易积聚高浓度的有毒有害物质。有毒有害物质可能是原来就存在于有限空间内的,也可能是在作业过程中逐渐积聚的。这些有毒有害物质比较常见的有:①硫化氢,如进行清理、疏通下水道、化粪池、窨井、污水池、地窖等作业时容易产生硫化氢气体。②一氧化碳,如在市政建设、道路施工时,不慎损坏煤气管道,煤气渗漏到有限空间内或附近民居内，会造成一氧化碳积聚。③苯、甲苯、二甲苯，如在有限空间内进行防腐涂层作业时，涂料中含有的苯、甲苯、二甲苯等有机溶剂挥发，会造成有限空间中有毒气体浓度增加。

（2）缺氧危害：空气中氧浓度过低会引起缺氧。以下两种情形可导致这种状况出现：二氧化碳比重比空气大，在长期通风不良的各种矿井、地窖、船舱、冷库等场所内部，二氧化碳易挤占空间，造成这些空间内的氧气浓度过低；惰性气体，如氩气、氦气等工业上常用惰性气体对反应釜、贮罐、钢瓶等容器进行冲洗，如容器内残留的惰性气体过多，就容易引起单纯性缺氧或窒息。此外，甲烷、丙烷浓度过高也可能引起缺氧。

（3）燃爆危害：空气中易燃易爆物质浓度过高，遇火会引起爆炸或燃烧。

其他可能威胁工人生命安全的危险因素包括坠落、溺水、物体打击等。

3. 有限空间作业造成危害的特点　有限空间作业中的危害有以下特点：

（1）可导致死亡，属高风险作业。

（2）有限空间包含的种类比较多，如船舱、贮罐、管道、地下室、地窖、污水池（井）、沼气池、化粪池、下水道、发酵池等均属于有限空间。

（3）有限空间作业的一些危害难以探测。

（4）可能有多种危害共同存在，如有限空间作业除了存在硫化氢危害外，还存在缺氧危害。

（5）在某些条件下危害的出现具有突发性，如检测时没有危害，但是在作业过程中可能突然涌出大量有毒气体。

4. 预防作业危害应采取的措施 进入作业现场前，生产经营单位，首先要详细了解有限空间现场情况和以往发生事故情况，有针对性地准备检测与防护器材；进入作业现场后，有关人员首先应对有限空间进行氧气、可燃气体、硫化氢、一氧化碳等气体检测，确认安全后方可允许作业人员进入；对作业面可能存在的电、高（低）温及危害物质进行有效隔离；通风换气；进入有限空间时，作业人员应佩戴隔离式空气呼吸器或携带氧气报警器、佩戴过滤式空气呼吸器。此外，作业人员还应携带信号良好的通讯工具，系好安全绳；生产经营单位还应在作业现场配备专业监护员和应急救援人员，配备应急照明设备、救生索等。

九、粉尘的毒害与防治

（一）容易产生粉尘的工种

1. 啥叫生产性粉尘 生产性粉尘是指在生产中形成的，能较长时间飘浮在作业场所空气中的固体微粒，它是污染生产环境，影响劳动者健康的重要因素之一。生产性粉尘粒径大小多为0.1～10微米之间。因为这种粉尘粒径小、重量轻，在空气中悬浮时间长，被农民工吸入肺内的机会多、危害大；大于15微米的尘粒，由于其粒径较大，在空气中悬浮时间短，被工人吸入肺部的机会少，对人体的危害也小。

2. 哪些工种容易产生粉尘 许多工农业生产过程中都能产生粉尘。如采矿与矿石加工（粉碎、筛分、运输）；开凿隧道、筑路；金属冶炼；机械铸造的配砂、打箱、清砂；耐火材料、玻璃、水泥的生产;陶瓷、搪瓷生产;纺织工业、皮毛工业及化学工业中固体原料、成品的运输包装;农业生产中的植物性粉尘和动物性粉尘等。

生产性粉尘可以不同角度进行分类,这里介绍的是按粉尘的性质分类。

(1)无机粉尘:①矿物性粉尘。如石英、石棉、滑石、煤等粉尘。②金属性粉尘。铁、锡、铅、锰、锌、铍等金属及其化合物粉尘。③人工无机粉尘。金刚砂、水泥、玻璃等粉尘。

(2)有机粉尘:①植物性粉尘。如棉、亚麻、甘蔗、谷物、木材、茶等粉尘。②动物性粉尘。兽毛、羽毛、骨质、角质等粉尘。

(3)混合性粉尘:指上述粉尘≥两种混合存在而言,此种粉尘在生产中最为多见。如煤矿开采,有岩尘和煤尘;金属制品加工研磨时有金属和磨料粉尘;棉纺厂准备工序有棉尘和泥土粉尘;农业生产中,扬场时有谷物粉尘和泥土粉尘。

(二)生产性粉尘产生的因素

1. 化学性因素

(1)生产性毒物生产过程中产生的:存在于工作环境空气中的化学物质称为生产性毒物。有的为原料,有的为中间产品,有的为产品。常见的有氯、氨等刺激性气体,一氧化碳、氰化氢等窒息性气体,铅、汞等金属类毒物,苯、二硫化碳等有机溶剂。

(2)生产性粉尘在生产过程中产生的:较长时间悬浮在生产环境空气中的固体微粒,称为生产性粉尘。如矽尘、滑石尘、电焊烟尘、石棉尘、聚氯乙烯粉尘、玻璃纤维尘,腈纶纤维尘等。

2. 物理性因素

(1)异常气象条件：高温，如热油泵房、催化剂生产的焙烧岗位、加氢催化剂反应器内操作、夏天进人油罐车或油槽车内作业等；低温，如石蜡成型的冷库。

(2)噪声：如来自机械力(固体或液体表面的振动)，气体湍流，电动力及磁动力等。如催化“三机”室、加热炉、高压蒸汽放空、泵、球磨机、粉碎机、机械传送带、电气设备等。

(3)振动：如循环压缩机转动；使用风动工具，如锻锤、风锤；电锯、捣固机；研磨作业的砂轮机、铣床、镟床；交通运输工具，如汽车、摩托车、火车等。

(4)电离辐射：如工业探伤用的 X 射线，放射性同位素仪表，如料位计的 γ 射线等。

(5)非电离辐射：如高频热处理时的高频电磁场，电焊、氩弧焊、等离子焊时产生的紫外线，加热金属、玻璃时产生的红外线等。

3. 生物性因素　生物性有害因素，指细菌、寄生虫或病毒所引起的与职业有关的某些疾病。如引起皮革工人、畜产品加工工人等职业性炭疽的炭疽杆菌，引起森林工作者的职业性森林脑炎的是由蜱传布的一种森林脑炎病毒等。

4. 劳动过程中的有害因素

(1)劳动组织不合理：如劳动时间过长，特别多见于检修期间，有的一天工作 10～12 小时，连续 10 天以上，甚至更长时间，如果组织不当则不利于员工的健康。

(2)劳动精神过度紧张：多见于新工人或新装置投产试运行，或生产不正常时。如重油加氢，高压，硫化氢浓度大，易发生燃烧、爆炸和中毒，新工人紧张，老工人在试运行期间也十分紧张。

(3)劳动强度过大或安排不当：如超负荷的加班加点，还有检修时的工业探伤工作量往往过大。

(4)个别器官、系统过度疲劳：如光线不足使视力紧张，长时间处于不良体位或使用不合理的工具设备。

5. 卫生条件和技术措施不良的因素

(1)生产场所设计不合理：如车间布置不当，有毒与无毒岗位设在同一工作间；厂房矮小、狭窄，设计时没考虑必要的卫生技术设施，如通风、换气或照明等。

(2)防护措施缺乏、不完善或效果不好：如一些包装厂房或操作岗位，往往缺乏防尘、防毒、防噪声等措施，特别是聚丙烯粉料、硅酸铝催化剂等包装时粉尘飞扬。

(3)缺乏安全防护设备和必要的个人防护用品：如铆工与焊工在同一厂房作业，铆工有耳塞防噪声，但焊工却没有；焊工有防紫外线的面罩，保护眼睛，铆工却没有。

(4)自然环境因素：如炎热季节的太阳辐射，长时间头部受照而发生中暑。

(5)环境污染因素：如氯碱厂泄漏氯气，处于下风侧的无毒生产岗位的工人，吸入了氯气；化肥厂的氨气泄漏，同样，也可使处于下风侧的其他工种工人受害。

(三)粉尘对农民工造成的危害

农民工成为尘肺病危害群体。尘肺是在生产过程中长期吸入粉尘而发生的以肺组织纤维化为主的全身性疾病。肺组织纤维化形成的矽结节是不可逆转的。得上尘肺病，特别是矽肺，会逐渐发展，最后因肺脏失去呼吸功能，导致死亡。我国法定12种尘肺病包括：矽肺、煤工尘肺、石墨尘肺、炭黑尘肺、石棉肺、滑石尘肺、水泥尘肺、云母尘肺、陶工尘肺、铝尘肺、电焊工尘肺、铸工尘肺及其他尘肺。

(1)尘肺病发病率居高不下：卫生部公布的数字表明，自20世纪50年代以来，截至2005年我国累计报告尘肺病例607 570例，这个数字相当于世界其他国家尘肺病人的总和。其中已经约有14万人死亡，病死率在20％以上，现存活病人为470 089例。近年来，每年新发尘肺病达1万例。2005年各类职业病报告12 212例，其中尘肺病病例报告9 173例，占各类职业病总数的75％。尘肺病例死亡966例。

根据2005年尘肺病例数据分析表明，矽肺和煤工尘肺仍是最主要的尘肺病，两者共占尘肺病例总数的90.8％，专家估计尘肺病实际发生的病例数不少于100万人。现在厂矿企业劳动者的体检率低，报告不全。据2005年对山西、辽宁两省进行的尘肺病情况调查统计，国有重点煤矿职业性健康检查的体检率为64％，国有地方煤矿体检率为37％，乡镇煤矿体检率为39％，非煤企业体检率为38％。以此推算平均体检率不到50％。专家预计今后10～15年我国尘肺病发病总数还将呈继续上升趋势。

(2)煤矿尘肺病发病情况十分严重：2005年尘肺新病例来自煤炭行业4 477例，占48.80％，其次是冶金行业905例，占9.87％。国家煤矿安全监察局，2005年对我国23个省市16 792个煤矿企业2005年尘肺病例调查统计数据，并不能说明国有煤矿尘肺病例比地方和乡镇煤矿企业患病率高，只能从另一个角度，说明地方级乡镇煤矿企业的职业病防治工作的力度比较或者非常差，特别是乡镇煤矿对于职业病的防治工作几乎处于空白状态。

（四）尘肺病的表现、分期、并发症与治疗

尘肺是由于在职业活动中长期吸入生产性粉尘（灰尘），并在肺内潴留而引起的以肺组织弥漫性纤维化（瘢痕）为主的全身性疾病。

1. 易患尘肺病的行业和工种

（1）矿山开采业：各种金属矿山的开采，煤矿的掘进和采煤以及其他金属矿山的开采，是产生尘肺的主要作业环境，主要作业工种是凿岩、爆破、支柱、运输。

（2）金属冶炼业：如矿石的粉碎、筛分和运输。

（3）机器制造业：如铸造的配砂、造型，铸件的清砂、喷砂以及电焊作业。

（4）建筑材料行业：如耐火材料、玻璃、水泥、石料生产中的开采、破碎、碾磨、筛选、拌料等；石棉的开采、运输和纺织。

（5）公路、铁路、水利建设：如开凿隧道、爆破等。

2. 尘肺病的临床表现

（1）咳嗽：早期尘肺病人咳嗽多不明显，但随着病程的进展，病人多合并慢性支气管炎，晚期病人多合并肺部感染，均可使咳嗽明显加重。咳嗽与季节、气候等有关。

（2）咳痰：咳痰主要是呼吸系统对粉尘的不断清除所引起的。一般咳痰量不多，多为灰色稀薄痰。如合并肺内感染及慢性支气管炎，痰量则明显增多，痰呈黄色黏稠状或块状。常不易咳出。

（3）胸痛：尘肺病人常常感觉胸痛，胸痛和尘肺临床表现

多无相关或平行关系。部位不一，且常有变化，多为局限性。一般为隐痛，也可胀痛、针刺样痛等。

(4)呼吸困难：随肺组织纤维化程度的加重，有效呼吸面积减少，通气/血流比例失调，呼吸困难也逐渐加重。合并症的发生可明显加重呼吸困难的程度和发展速度。

(5)咯血：较为少见，可由于呼吸道长期慢性炎症引起黏膜血管损伤，痰中带少量血丝；也可能由于大块纤维化病灶的溶解破裂损及血管而使血量增多。

(6)其他：除上述呼吸系统症状外，可有程度不同的全身症状，常见有消化功能减退。

3. 尘肺病的分期　根据X线胸片表现，尘肺可分为：

无尘肺（0）即① 0：X线胸片无尘肺表现。② 0^{+}：胸片表现尚不够诊断为Ⅰ者。

一期尘肺（Ⅰ）即 ①Ⅰ：有总体密集度1级的小阴影，分布范围至少达到两个肺区。②Ⅰ$^{+}$：有总体密集度1级的小阴影，分布范围超过4个肺区或有总体密集度2级的小阴影，分布范围达到4个肺区。

二期尘肺（Ⅱ）即 ①Ⅱ：有总体密集度2级的小阴影，分布范围超过4个肺区；或有总体密集度3级的小阴影，分布范围达到四个肺区。②Ⅱ$^{+}$：有总体密集度3级的小阴影，分布范围超过4个肺区；或有小阴影聚集；或有大阴影，但尚不够诊断为Ⅲ者。

三期尘肺（Ⅲ）即 ①Ⅲ：有大阴影出现，其长径不小于20毫米，短径不小于10毫米。②Ⅲ$^{+}$：单个大阴影的面积或多个大阴影面积的总和超过右上肺区面积者。

4. 尘肺病的并发症　尘肺病人由于长期接触生产性粉

尘，使呼吸系统的防御功能受到损害，病人抵抗力明显降低，常发生多种不同的并发症。

(1)呼吸系统感染：主要是肺内感染，这是尘肺病人常见的并发症。

(2)自发性气胸：较少见。为肺组织和脏层胸膜破裂，空气进入胸膜形成气胸，分闭合性气胸、张力性气胸、交通性气胸三种。

(3)肺结核：粉尘作业工人，特别是矽尘作业工人，比一般人群易患肺结核。

(4)肺癌及胸膜间皮瘤：主要见于石棉作业工人及石棉肺患者。

(5)慢性肺源性心脏病：见于部分晚期病人，这是因为慢性支气管炎使气道狭窄，通气阻力增加，产生阻塞性肺气肿，肺动脉压升高，而致慢性肺心病。

(6)呼吸衰竭：上呼吸道及肺部感染、气胸等诱因，是导致发生代偿性呼吸衰竭的主要原因，滥用镇静及催眠类药物也是导致尘肺病人呼吸衰竭的原因之一。

5. 尘肺病的治疗　尘肺病人应及时调离粉尘作业，并根据病情需要进行综合治疗，积极预防和治疗肺结核及其他并发症，以期减轻症状、延缓病情进展、延长病人寿命、提高病人生活质量。

尘肺病是一个没有医疗终结的致残性职业病，目前尚无根治办法。尘肺患者胸闷、胸痛、咳嗽、咳痰、劳力性呼吸困难、易感冒，呼吸功能下降，严重影响生活质量，而且每隔数年病情还要升级，合并感染，最后因肺心病、呼吸衰竭而死亡，目前对此尚无特效药物治疗。大容量肺灌洗治疗尘肺病是近20年来发展起来的新技术，由于其可清除部分肺内粉尘，减轻症状和改善肺功能，提高患者生活质量，其作用是任何药物所不能比拟的，备受广大患者的欢迎。

我国职业病防治工作者多年来研究了一些治疗药物，如克矽平、柠檬酸、汉防已甲素、磷酸哌哇等。这些药物可以减轻症状、延缓病情进展。在用上述药物治疗的同时应积极对症治疗，预防并发症，增强营养，生活规律化和适当的体育锻炼。

（五）尘肺病的预防

1. 总体的预防

（1）工艺改革、革新生产设备：是消除粉尘危害的主要途径。

（2）湿式作业：采用湿式碾磨石英、耐火材料，矿山湿式凿岩、井下运输喷雾洒水。

（3）密闭、抽风、除尘：对不能采取湿式作业的场所，应采用密闭抽风除尘办法，防止粉尘飞扬。

（4）接触粉尘工人的健康检查：包括就业前和定期健康检查，脱离粉尘作业时还应做脱尘作业检查。

（5）个人防护：佩戴防尘护具，如防尘安全帽、送风头盔、送风口罩等。

2. 矿山的矿尘治理　矿尘对人体健康和生产危害极大，矿山的尘肺病，如矽肺、煤肺病等是矿山职业卫生的最大威胁，必须引起矿山企业负责人的高度重视，采取综合防尘措施。

（1）矿山综合防尘：多年来，我国矿山因地制宜，积累了丰富的防尘经验，坚持技术和管理相结合的综合防尘措施，取得了显著的防尘效果。其基本内容可概括为八字方针：风、水、密、护、革、管、教、查。即通风防尘，湿式作业，密闭尘源与净化，个体防护，改革工艺设备降低产尘量，科学管理，加强宣传教育，定期测定检查。

(2)露天矿山防尘：露天矿山防尘的主要措施是采用湿式作业和洒水降尘。

①穿孔作业防尘：穿孔作业主要采取湿式作业。大型凿岩机还可采用捕尘装置除尘，对铲装矿岩产生的粉尘，可采取降水防尘的方式除尘。

②破碎机除尘：破碎机可采取密闭—通风—除尘的方法进行除尘。由于流程简单，机械化程度高，可采用远距离控制，从而进一步减少和杜绝作业人员接触粉尘的机会。

③运输除尘：露天矿山运输过程中，车辆扬尘是露天矿场的主要尘源。运输防尘的主要措施有如下几个方面：装车前向矿岩洒水，在卸矿处设喷雾装置降尘；加强道路维护，减少车辆运输过程中撒矿；矿区主要运输道路采用沥青或混凝土路面；采用机械化洒水车向路面经常洒水，或向水中添湿润剂以提高防尘效果。还可用洒水车喷洒抑尘剂降尘，抑尘剂的主要成分为吸潮剂和高分子黏结剂，既可吸潮形成防尘层，还可改善路面质量。

(3)个体防护：在采取了各种防尘措施后，大多数情况下，粉尘浓度可达卫生标准，但仍有少数细微粒粉尘悬浮在空气中。因此，在现场作业人员必须佩戴防尘口罩，不在作业现场吸烟、饮食，班后洗澡，不准将工作服带回家中等，这是综合防尘措施中不可缺少的、十分重要的措施。

十、装饰材料引起的中毒

(一)装饰材料对人体有毒害

1. 有毒的装饰材料　装饰材料中的苯、甲苯、二甲苯属于芳香烃类,均为无色透明液体,是有毒性的刺激性溶剂,人一时间不易警觉其毒性。苯已被世界卫生组织确定为致癌物质,对眼睛、皮肤和上呼吸道有刺激作用,长期吸入能导致再生障碍性贫血(血癌)。女性对苯的危害较男性敏感,对生殖功能亦有一定影响,可以导致胎儿先天性的缺陷。在各种建筑材料、有机溶剂中大量存在,比如各种油漆的添加剂和稀释剂,一些防水材料的添加剂。在日常生活中,苯也用于装饰材料,人造板家具、黏合剂、空气消毒剂等,因此在新装修的居室内空气中,可以测出高含量的苯、甲苯、二甲苯。

对人体健康危害最大,会引起急躁不安、不舒服、头痛及其他神经性问题,影响健康及工作效率。

苯主要来自有机溶剂,建筑材料,室内装饰材料和生活及办公用品。有机溶剂,如油漆、涂料、黏合剂、捻缝胶等;建筑材料,如人造板、泡沫隔热材料、塑料板材等;室内装饰如壁纸,其他装饰材料等;纤维材料,如地毯、挂毯和化纤窗帘;办公用品,如油墨、复印机、打印机等。

2. 放射性材料的来源　放射性物质广泛存在于室内外环境低剂量/率电离辐射下,特别是氡及其子体能对人类造成多大的危害,是放射性生物学家和公众关注的问题。我们既要营造自己的居室环境,感知生活的舒适和美观,又要避免未被感知的对健康带来的不利影响。

(1)放射性物质的主要来源：①房基下的岩石和土壤中的放射性物质。②建筑材料中的放射性物质。③自来水、家用天然气、煤气、燃煤等。在自然条件下，氡占天然辐射的50%以上，在居室内可造成氡的积累。

(2)建筑材料放射性水平及室内氡浓度：国内外对建筑材料的放射性水平已经做了大量的检测，按放射性水平的高低具有下述一般规律。①建筑材料中。含废渣砖、粉煤灰砖、混凝土、红砖。②地板。花岗岩、水泥、瓷砖、釉画砖、大理石、木地板。③墙面。一般抹灰墙、喷涂处理墙、乳胶漆。在石材中，白色、红色、绿色和花斑系列等花岗岩类放射性活度偏高。大理石类，绝大多数的板石材类，暗色系列(包括黑色、蓝色和暗色中的棕色)和灰色系列的花岗岩类，放射性活度较低。房间经常关闭门窗时，氡的浓度高于经常开启门窗的房间。使用空调的室内氡浓度高于不使用空调的居室。厨房内高于客厅。

(3)室内氡增加所致居民肺癌危险：氡是世界卫生组织(WHO)公布的19种环境致癌物之一。多数报告进一步证实居室内氡浓度增加可诱发肺癌患病率的增加。根据室内氡的流行病学调查资料，虽然可能令人信服的证明，室内水平的氡气引起肺癌危险度的增加，但也不排除室内氡是一个致癌因素。

(4)对居室内氡的控制：①新建低层住宅、平房和地下室按照国家质量监督局发布的《新建低层住宅建筑设计与施工中氡控制导则(GP17785-1999)》进行，新建高层住房按城市规划选址，注意避开高氡地质背景区，如果无法避开应按照上述有关法规采用防氡设计和施工。建筑部门识别氡易析出地区是非常重要的。②建材和装修材料应加强监测，按建筑及居室功能分类选用。③水和天然气是室内氡的来源之一，但是占室内氡来源的份额较小。④加强对居室内放射性物质，特别是氡危害的准确宣传，既不要盲目追求豪华装修，也不要影响天然资源的应用，选用适当的装修材料。⑤提高人们防氡意识，常开窗户加强通风，加速室内累积氡的排放。⑥对已建住房如发现室内氡的浓度超过控制标准，应采取必要的补救行动。

（二）室内建筑装饰材料的危害

1. 氡对人体健康的危害　据西方学者测定，占2%～3%的小建筑物内有石棉和氡，人在室内受到氡照射剂量所产生的危害性，要比接受X射线照射的危害性严重10倍。现在的许多建材，如花岗石、大理石、地砖等陶瓷建材和水泥里都不同程度地含有一些氡或钍等放射性物质。

氡是由镭衰变产生的自然界惟一的天然放射性惰性气体，它没有颜色，也没有任何气味。氡原子在空气中的衰变产物被称为氡子体，为金属粒子。常温下氡及子体在空气中能形成放射性气溶胶而污染空气。容易被呼吸系统截留，并在局部区域不断积累而诱发肺癌。科学研究表明，氡对人体的辐射伤害占人体一生中所受到的全部辐射伤害的55%以上，其诱发肺癌的潜伏期大多都在15年以上，世界上有1/5的肺癌患者与氡有关。所以说，氡是导致人类肺癌的第二大“杀手”，是除吸烟以外引起肺癌的第二大因素，世界卫生组织把它列为使人致癌的19种物质之一。

氡对人体的健康危害主要表现为确定性效应和随机效

应。

(1)确定性效应:表现为暴露在高浓度氡下,肌体出现血细胞的变化。氡对人体脂肪有很高的亲和力,特别是与神经系统结合后,危害更大。

(2)随机效应:主要表现为肿瘤的发生。由于氡是放射性气体,当人们吸入体内后,氡衰变产生的阿尔法粒子可在人的呼吸系统造成辐射损伤,诱发肺癌。专家研究表明,氡是除吸烟以外引起肺癌的第二大因素,世界卫生组织把它列为19种主要的环境致癌物质之一,国际癌症研究机构也认为氡是室内重要致癌物质。据统计,我国每年因氡致肺癌为50 000例以上。天津市区公众肺癌23.7%是由氡及其子体造成的。

小贴士

19种致癌物质

WHO提出的19种致癌物质是指:①砒霜。②石棉。③一氨基联苯。④苯。⑤联苯胺。⑥氯萘吖嗪。⑦双氯甲醚及工业品位氯甲醚。⑧铬及某些铬化合物。⑨乙烯友邻酚。⑩放射性氡气。⑪左旋苯丙氨酸氮芥。⑫芥子气。⑬萘胺。⑭煤焦油和矿物油。⑮氯乙烯。⑯偶联雌激素。⑰金胺制造过程。⑱异丙醇制造的强酸处理过程。⑲镍的冶炼过程。

2. 甲醛对人体健康的危害 随着生活水平的提高,各种新型建筑装潢装饰材料进入了家庭,成为新的化学污染源。家具、墙纸、天花板、化纤地毯、塑料地板、隔热材料等所含的甲醛在长期持续缓慢地释放出来。各种树脂、油漆、乳胶、涂料、黏合剂等也大量释入出甲醛。塑料制品受热潮解时容易发生变性释放出甲醛。调查发现，装饰程度较高的居室中，甲醛浓度竟为室外的46倍。甲醛为细胞原浆毒。可经呼吸道、消化道及皮肤吸收，对皮肤有强烈的刺激作用。可引起组织蛋白的凝固坏死，对中枢神经系统有抑制作用。动物实验证明甲醛是致肺癌物。室内含量达30毫克/立方米即可当即致死。

甲醛(HCHO)是一种无色、强烈刺激性气味的气体，易溶于水、醇、醚，目前已被世界卫生组织确定为致癌与致畸物质，是公认的变态反应原，也是潜在的强致突变物之一。研究表明，装修与家具中含有的甲醛，其释放期长达3～15年。

甲醛来源于建材产品的挥发性有毒气体污染。居室内铺设的化纤地毯，使用木屑纤维板制造的木质家具或是泡沫材料、复合板等都会慢慢地挥发出少量甲醛气体，而甲醛和石棉已被证实是相当危险的致癌物。另一种是在燃料、墨水、油漆、塑料制品及橡胶中经常被使用的溶剂苯，可使人头昏脑涨、胸闷，甚至发生流鼻血或哮喘，超过一定浓度也会成为致癌物。随着空调在家庭之中日益普及，导致室内空气不流通，这又使得这些挥发性有毒气体的浓度大大提高，成为看不见的“隐形杀手”。

(1)甲醛对人体皮肤与黏膜有强烈的刺激作用，可使细胞中的蛋白质凝固变性，抑制一切细胞功能，长期接触低剂量甲醛可引起慢性呼吸道疾病，引起鼻咽癌、结肠癌、脑瘤；细胞核的基因突变，DNA单链内交连与DNA与蛋白质交连及抑制DNA损伤的修复；妊娠高血压综合征、引起新生儿染色体异常、白血病，引起青少年记忆力与智力下降。在所有接触者中，儿童与孕妇对甲醛尤为敏感，危害也就更大。

(2)甲醛在体内生成甲醇对视丘及视网膜有较强损害作用。

(3)甲醛对人体健康的影响主要表现在嗅觉异常、刺激、过敏,肺功能异常,免疫功能异常等方面。

(4)甲醛为较高毒性的物质,在我国有毒化学品优先控制名单上甲醛高居第二位。甲醛已经被世界卫生组织确定为致癌与致畸物质,是公认的变态反应原,也是潜在的强致突变物之一。

甲醛的危害影响主要表现在嗅觉异常、刺激、过敏、肺功能异常、肝功能异常与免疫功能异常等方面。其浓度在每立方米空气中达到 0.06～0.07 毫克时,儿童就会发生轻微气喘;达到 0.1 毫克时,就有异味与不适感;达到 0.5 毫克时,可刺激眼睛,引起流泪;达到 30 毫克时,会立即致人死亡。

(三)装饰材料毒害的预防

1. 装修材料的选择 一般来说,装饰材料中大部分无机材料是安全和无害的,如龙骨及配件、普通型材、地砖、玻璃等传统饰材,而有机材料中部分化学合成物则对人体有一定的危害,它们大多为多环芳烃,如苯、酚、蒽、醛等及其衍生物,具有浓重的刺激性气味,可导致人各种生理和心理的病变。

(1)墙面装饰材料的选择:家居墙面装饰尽量不大面积使用木制板材装饰,可将原墙面抹平后刷水性涂料,也可选用新一代无污染 PVC 环保型墙纸,甚至采用天然织物,如棉、麻、丝绸等作为基材的天然墙纸。

(2)地面材料的选择:地面材料的选择面较广,如地砖、天然石材、木地板、地毯等。地砖一般没有污染，但居室大面积采用天然石材，应选用经检验不含放射性元素的板材。选用复合地板或化纤地毯前，应仔细查看相应的产品说明书。若采用实木地板，应选购有机物散发率较低的地板黏接剂。

(3)顶面材料的选择：居室的层高一般不高，可不做吊顶，将原天花板抹平后刷水性涂料或贴环保型墙纸。若局部或整体吊顶，建议用轻钢龙骨纸面石膏板、硅钙板、埃特板等材料替代木龙骨夹板。

(4)软装饰材料的选择：窗帘、床罩、枕套、沙发布等软装饰材料，最好选择含棉麻成分较高的布料，并注意染料应无异味，稳定性强且不易褪色。

(5)木制品涂装材料的选择：木制品最常用的涂装材是各类油漆，是众人皆知的居室污染源。不过，国内已有一些企业研制出环保型油漆，如雅爵、爱的牌装修漆、鸽牌金属漆等，均不采用含苯稀释剂，刺激性气味较小，挥发较快，受到了用户的欢迎。

2. 装修工的个体防护　日前，来自安徽的油漆工小蔡带着老婆和4岁的女儿来烟台找活干，联系到一家刷油漆的活，刚干到第二天，连续干了十几个小时的小蔡因为没戴防毒面具，加上室内通风不良而被呛倒在装修屋内，幸好被老婆送饭时发现了，及时送到医院抢救。经检查，被诊断为急性有机溶剂中毒，经抢救后有所好转。据市疾病预防控制中心专家介绍，家庭装修和建筑行业所用油漆、稀料、防水材料等，多含有苯、甲苯、二甲苯等有害溶剂，在通风不畅、不加个人防护的情况下会造成接触者皮肤黏膜刺激感、神经系统及肝、肾、造血系统等损害，严重者会当场因心力衰竭而死亡。

专家提醒：一要在选材上尽量选用经过国家质量检验部门检验合格的产品，装修时尽量简洁、环保。二要从事装修的人员做好个人防护，干活时佩戴防护用品，如防毒面具、防尘口罩、防噪声耳塞等。三要通风换气，减少接触时间，避免在污染环境中食宿。新装修的居室要经过足够的通风，散去异味（最好经过检验）后再入住；入住后每天仍要有一定时间的通风换气。一旦出现呼吸不畅、胸闷、恶心、头晕、头痛、视物模糊、不明原因体力下降等症状时，应及时就医。

第二章　农民工野外常见伤害的救治

一、农民工野外常见伤害的急救原则

（一）何谓野外常见伤害

常见野外伤害是指因野外受条件和环境限制而引发的疾病，如骨折、冻伤、出血、烫伤、眼外伤等多种病症。

（二）野外常见伤害的急救原则

1. 急救的一般原则

（1）遇到常见伤害发生时，不要惊慌失措，要保持镇静，并设法维持好现场的秩序。

（2）在周围环境不危及生命条件下，一般不要轻易随便搬动伤员。

（3）暂不要给伤病员喝任何饮料和进食。

（4）如发生意外，而现场无人时，应向周围大声呼救，请求来人帮助或设法联系有关部门，不要单独留下伤病员无人照管。

（5）遇到严重事故、灾害或中毒时，除急救呼叫外，还应立即向有关政府、卫生、防疫、公安、新闻媒体等部门报告，现场在什么地方、病伤员有多少、伤情如何、都做过什么处理等。

(6)根据伤情对病员边分类边抢救，处理的原则是先重后轻、先急后缓、先近后远。

(7)对呼吸困难、窒息和心跳停止的伤病员，从速置头于后仰位、托起下颌、使呼吸道畅通，同时施行人工呼吸、胸外心脏按压等复苏操作，原地抢救。

(8)对伤情稳定，估计转运途中不会加重伤情的伤病员，迅速组织人力，利用各种交通工具分别转运到附近的医疗单位急救。

(9)现场抢救一切行动，必须服从有关领导的统一指挥，不可各自为政。

2. 急救的实施原则

(1)先复苏后固定：当遇有心搏、呼吸骤停伴骨折的患者，应首先采取人工呼吸和胸外心脏按压等心肺复苏技术，恢复其心跳呼吸，然后再固定骨折部位。

(2)先止血后包扎：当遇有大伤口并伴有大出血的患者，应首先采用指压、止血带或药物等方法止血，而后再消毒伤口进行包扎。

(3)先重伤后轻伤：当接诊的患者中，有病情垂危者和病情较轻者时，应优先抢救危重患者，而后抢救较轻的患者。

(4)先救治后运送：当接诊急症患者时，医护人员应把握最佳抢救时机，及时给予患者有效救护措施，维持其生命体征，然后再准备转院治疗，在转院途中，仍要积极给予抢救措施，严密观察患者病情变化。

二、农民工要学点急救知识

（一）农民工紧急救护“八戒”

一戒惊慌失措：遇事慌张，于事无补。如慌慌张张用手拉拽触电者，只能连自己也触电。此时应首先切断电源，用木棍等绝缘体使病人脱离电源再行救护。

二戒因小失大：遇到危重病人，先看病人是否还有心跳呼吸，瞳孔和神志情况如何。如果心跳呼吸已停止，则应马上做口对口人工呼吸和胸外心脏按压，而不能急于包扎止血（病人已死，止血何用）。

三戒随意搬动：万一发生意外，家人往往心情紧张，乱叫病人，猛推猛摇病人，搬来拖去。其实，最好原地救治，切忌随意搬动，特别是脑出血，脑外伤，急性心肌梗死，骨折病人更忌搬动。

四戒舍近求远：急救之时，时间就是生命，应该就近送医院，特别是病人呼吸、心跳濒临停止时，更不宜送较远处的大医院，要相信小医院完全有能力进行初期急救，急救后病情相对稳定再转送上级医院。

五戒乱用药：不少家庭备有药品，但使用药物的知识有限，切勿乱用。如急性腹痛，过量服用镇痛药会掩盖病情，妨碍正确诊断。

六戒滥进饮料：不少人误以为给病人喝点热茶、热水会缓解病情，实际上毫无必要。烧伤病人不宜喝开水，急性坏死性胰腺炎应禁食、禁水，尤其是神志不清病人，更不能硬灌饮料，那样容易灌进气管引起呛咳、窒息。

七戒一律平卧：并非所有急重病人都要平卧，如失去意识的病人，应让其平卧，头偏向一侧；心性哮喘病人，让其取坐位，腿下垂，略伏在椅子背上更好；急性腹痛者，让其屈膝以减轻疼痛；胸腔积液病人，应取半坐位。

八戒自作主张乱处理：平时留意学习一些基本的抢救知识，紧急关头切忌想当然处理。

（二）跌打损伤急救不当害处大

跌伤、损伤造成的骨折脱位等，在车祸中、运动中非常多见。有些人由于没有经验，使用了一些错误的急救搬运、止血、包扎方法；或为减轻疼痛，用手揉捏观察受伤部位并按摩伤部，可能会造成十分严重的后果。急救不当的危害有：

1. 导致截瘫 一农民工不幸从脚手架上掉下，下肢合并脊柱骨折。掉下当时手脚可以动，就是不能站起来。工友发现后七手八脚把他扶起来，突然感觉下身触电般的难受，以后下半身就再也没有感觉了。颈椎部位的骨折随意搬动，不当操作可使脊髓受压，发生四肢功能丧失的高位截瘫。胸腰部脊柱骨折时，不恰当的搬运可以损伤腰脊髓神经，发生下肢瘫痪。正确的方法是如果怀疑有脊柱骨折，应该就地固定，2 人以上用木板床搬运，不能随意移动、按摩。

2. 加重出血 骨折后随意搬运乱动，会刺破局部血管导致出血，或使已经止血的骨折断端再出血。如锁骨粉碎性骨折，揉捏可能伤及锁骨下动脉；肱骨外科颈骨折，揉按会伤及腋动脉；肱骨髁上骨折，揉按可损伤肱动脉；大腿下端骨折，乱动可伤及动脉；肋骨骨折时，搬动可致骨折端刺破肺脏，发生气胸、血胸、纵隔及皮下气肿等。

3. 损伤神经　四肢长骨骨折，揉捏按压除可造成出血外，还可能使骨折端刺伤或切断周围神经，严重者可能造成神经麻痹，导致肢体局部功能丧失。

4. 加重休克　多发性肋骨骨折合并内脏损伤时，由于失血和疼痛，病人可发生休克。如果再施以搬运颠簸，会进一步加重休克，甚至造成伤者死亡。

5. 导致肢体感染　开放性的伤口，如果用不干净的敷料盲目包扎，会将细菌带入伤口中，导致肢体伤口感染，甚至导致骨髓炎等，酿成严重后果。

6. 引起大小便障碍　骨盆骨折，特别是锐利的耻骨、坐骨骨折搬运不当时，骨折断端很容易导致男性尿道断裂或挫伤，女性阴道挫伤，甚至直肠挫伤，引起排尿、排便困难。

7. 引起合并伤　脱位后的随意按捏也是危险的。比如肩关节脱位，有些人企图自己复位，或由非医生帮助复位，生拉硬拽，容易导致合并局部肱骨外科颈骨折、血管神经的损伤。

8. 导致肢体坏死　肢体骨折后局部肿胀非常严重，如果固定不当，使用大量敷料包扎，虽然可能暂时有一定的止血效果，但时间太久，会导致肢体麻木，超过 2 小时以上就可能导致肢体缺血性坏死。

一旦发现有人跌倒和摔伤后无法动弹时，最好的办法是让医生或有经验的人处理，或者就近转移伤者到安全地方，马上联系急救车，送医院就诊。

（三）必须学会基本急救知识

当我们遇到危重病人时，一要在家庭或其他现场给予紧急救护。二要立即给急救中心、急救站或附近医疗机构、家庭医生打电话，请医务人员前来救助。

1. 学会拨打急救电话 急救电话是急救通讯系统中重要的一环，急救通讯系统是急救反应的中枢，应急工作的前哨。它负责急救信息的接收、传送、应召、指挥与协调等联络工作，使医院外和医院内急救工作各环节协调紧密结合，迅速反应，运行无阻。当发生重大灾害事故和成批伤病员时，急救通讯系统成为国家、城市、地区和医疗急救指挥联络系统。

(1)“120”：中华人民共和国急救呼救电话号码为“120”。值得指出的是，一个城市建立了急救中心或急救站，启用了“120”急救电话，这个号码绝不仅仅是属于急救中心本身的，而应该是属于整个城市呼救网络系统的“通讯指挥中心”。因为“120”电话传达迅捷，无论何时何地发生危重病人、意外事故，首先拨通“120”，然后由“120”值班调度根据情况和地理位置，指令就近的急救站或医疗机构前去救护。

(2)呼救 120 电话说些什么：因为是呼救电话，语言必须精练、准确，重要的一定要讲清楚，无关的话不说，以免耽误宝贵的时间。电话中一般要讲清如下内容：①病人的姓名、性别、年龄。②目前最危急的状况，如神志不清、昏倒在地、心前区剧痛、大出血、呼吸困难等，发病的时间、过程、用药情况，以及过去的病史与本次发病有关的部分。③发病现场或病人家庭详细地址和电话号码，等候救护车的确切地点，最好有明显醒目标志处。④意外灾害事故还需说明伤害性质、受伤人数等情况。急救医生根据上述呼救内容，携带急救药品装备，准确及时赶到现场，迅速救援。

2. 学一些正确的急救知识 无论在室内或户外劳作中，学会几种常见伤害的应对法，届时大有帮助。天有不测风云，意外随时可能发生。据不完全统计，每年大约有400多万起事故发生，其中很大一部分是劳作、运动伤害。但最乐观的统计数字表明，只有超过16%的人接受过基本的急救培训。如何有效地在第一时间采取急救措施，减轻和延缓伤情，为进一步治疗争取时间，无论在室内或户外劳作中，都会大有益处的。

（1）扭伤和红肿：出现关节扭伤和红肿，应该用冰块敷在伤处，可从冰箱的冷冻室内就地取材，取出冰块，用布包裹，轻按伤处。然后送医院拍摄X线片以做进一步诊断。切忌直接将冰块敷在伤处，以防冻伤。

（2）流血：不慎擦伤或被尖锐物刺伤、割伤时，第一个要记住的是：避免交叉感染。所以，不要让手指碰到伤处，也不要用水冲洗。找一块干净的布条先行包扎，然后去医院做伤口清洁处理。

（3）打掉牙齿：脸部受到重击，或磕到下巴，都有可能打掉牙齿。这在劳作、生活中皆可碰到。这时有条件的话，应在去医院的路上，将落下的牙齿浸在牛奶里。因为牛奶的酸碱度（pH值）呈中性，可保护牙齿，并防止牙齿变干。如果没有牛奶的话，不要自己清洁落齿。也不要用手捏着牙齿根部，以尽量使牙齿存活。

（4）惊悸：看到了恐怖片或突然遇到刺激，容易发生惊悸。对突然受惊者，应将一个空纸袋套在他脸上，让其慢慢深呼吸。受惊者事实上是在短时间内吸入了过量氧气，用纸袋将其脸套住，可让患者吸入一定量的二氧化碳，帮助其缓解、镇定。但需要注意的是,一定要分清是受惊还是哮喘,如果是哮喘,用这种方式非但救不了,反而会造成窒息。

(5)蜂蜇:野外行走或露营时,如果被蜜蜂蜇伤,不要用手指拔刺,因为刺的一端含有蜜蜂的唾液。正确的方式是用一张信用卡、一个棉花棒或一根牙签将刺刮出,然后用牙膏敷在患处。

(6)烧伤:皮肤烧伤使得皮下组织暴露在外,特别容易造成感染。这时首先应该用冷水或冰啤酒将伤处冷却,然后剪一段保鲜膜或避孕套贴在伤口上。这些物品事先已经消毒,特别是避孕套含有润滑剂,特别适合伤口。然后再送医院做进一步治疗。

(7)骨折:一旦发生骨折或错位,首先应将受伤的肢体静止、平放,避免伤势恶化。将一本杂志卷起,用橡皮筋或皮带将其固定在伤处,注意不要将绳结正对伤口。

(8)昏厥:昏厥多由缺氧引起,血管及脑部缺氧可导致血压和心率降低,使肌体无法及时做出反应而造成昏厥。所以,拯救的要点是将患者身体平放在地上,抬高腿部,让血液回流至头部。

三、骨折后应该怎样处理

(一)骨折的典型症状

骨折有两种:①闭合性骨折。是指皮肤不破,没有伤口,断骨不与外界相通的骨折。②开放性骨折。是指骨头尖端穿破皮肤,有伤口,与外界相通的骨折。

骨折的典型症状:骨折一般都有疼痛,伤肢畸形,活动困难，血肿等症状，严重者可发生休克。

（1）伤肢畸形或异常：骨折端有移位或成角，从骨折部位可见到外形改变。

（2）反常活动：是指骨折后在无关节的部位可以出现异常的类似关节样活动。这叫“假关节”，此处就是骨折部位。

（3）有骨擦音和骨擦感：是由骨折断端相互摩擦产生的声音。

（4）疼痛：是骨折端刺激软组织造成的，动则更痛。

（5）肿胀、淤血：闭合性骨折明显，多发生在骨折后 2～5 天，呈青紫色、片状或不规则形。

（6）功能障碍：下肢骨折行走困难；上肢骨折不能持物；脊柱骨折站立受到影响。

（7）最简单的诊断就是 X 线片，一目了然。X 线片看到有骨折线，骨膜增生。

（8）手指或脚趾骨折：一般有明显的畸形，肿胀，局部疼痛，活动受限。不明显的就是肿胀，局部压痛明显，活动受限。

（二）骨折的急救措施

急救措施对于应急救人是非常重要的，目的在于抢救生命、保护患肢、防止组织再损伤和再污染，使之能安全而又迅速地到达就近医院，以便获得进一步的妥善治疗。对于骨折的伤员应按骨折急救的方法进行急救处置，一切动作要求谨慎、稳妥和轻柔。

1. 骨折伤员的急救原则

（1）判断骨折伤员的伤情：根据伤员的外伤史、生命体征变化和受伤部位简单迅速地作出伤情判断。

(2)初步的苏醒措施:可根据伤员的重要体征变化采取相应的复苏措施。若伤员心跳、呼吸停止,应立即就地实施心肺复苏术,如伤员已处于休克状态,则以抗休克为首要任务,立即进行液体复苏,经外周大静脉快速输入液体,有条件时应立即输血。注意伤员的保暖。对合并颅脑伤而处于昏迷状态的伤员要采取积极措施,以保证其呼吸道的通畅。应避免过多搬动伤员,以免加重病情或增加伤员的痛苦。若伤肢肿胀明显,应及时剪开衣袖或裤管。闭合性骨折移位显着,骨折端有刺破皮肤或周围血管、神经的危险时,应手法牵引消除明显的移位畸形,并用长条木板妥善固定伤肢。

(3)止血和伤口包扎:应注意无论伤口大小,都不宜用未经消毒的水冲洗或外敷药物。绝大多数伤口出血用压迫包扎后即可止血,或尽量用比较清洁的布类包扎伤口。如有大血管出血,加压包扎不能控制时,可在伤口的近端结扎止血带,但应及时记录开始止血带的时间。若骨折端戳出伤口,并已污染,不宜立即复位,以免将污物带入伤口深处。可待清创术将骨折端清理后再行复位。

(4)固定伤肢要妥善:急救固定的目的是避免搬动过程中骨折软组织、血管、神经或内脏器官的进一步损伤;减轻伤员的疼痛,并有利于防止休克;便于伤员的运送。因此,任何疑有骨折的伤员在送往医院做确定性治疗之前,都应用妥善方法将其伤肢可靠地、临时固定起来,固定的范围要超过上下关节。固定材料应就地取材,树枝、木棍、木板、枪支等都适于作夹板之用。在缺乏外固定材料时也可以进行临时性的自体固定,如将受伤的上肢缚于上身躯干,或将受伤的下肢同健肢缚于一起固定(图 2-1,2,3,4,5,6,7,8,9)。

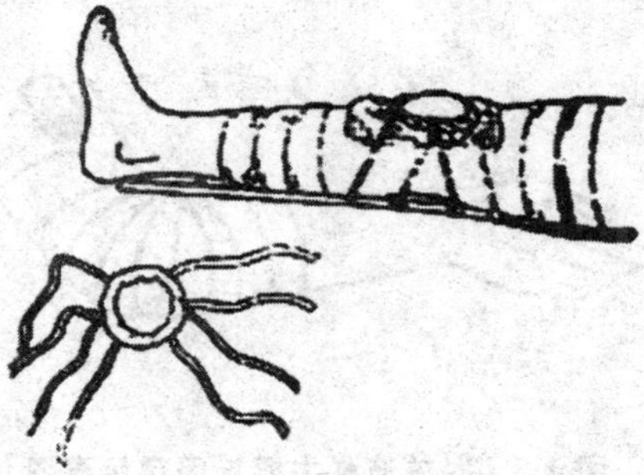

图 2-1　髌骨脱位抱　固定示意图

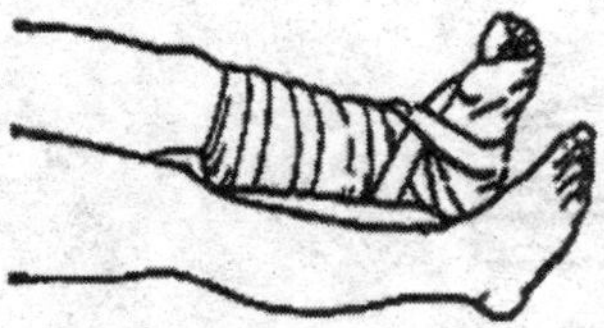

图 2-2　踝关节绷带固定示意图

图 2-3　上肢损伤衣物固定示意图

图 2-4　下肢损伤相邻肢体固定示意图

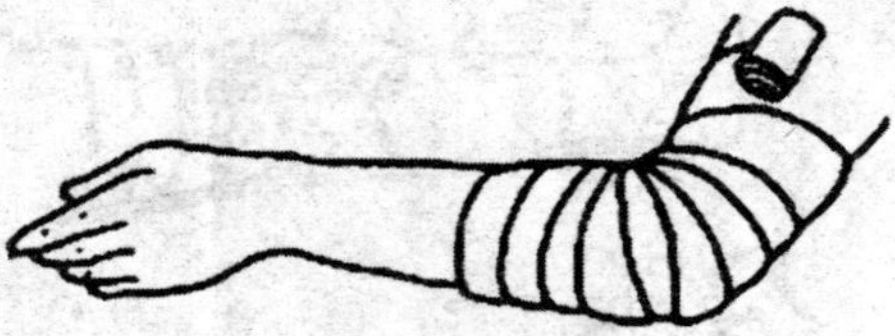

图 2-5　肘关节弹力绷带固定示意图

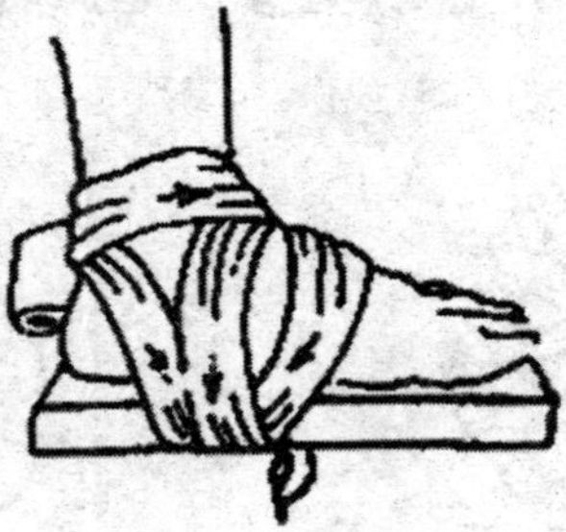

图 2-6　踝关节扭伤临时固定示意图

图 2-7　肱骨骨折小夹板固定

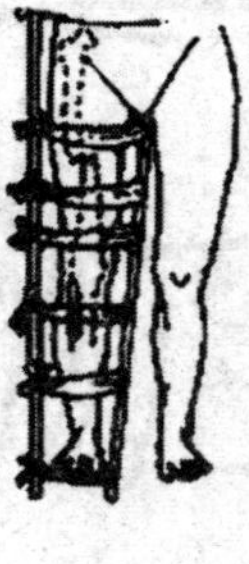

图 2-8　股骨干骨折固定

图 2-9 胫肌腓骨远端骨折同时固定

(5)快速运送伤员:①四肢骨折伤员的搬运(图 2-10,12,13,14,15,16)。须经妥善固定后再运往医院,运送途中应有医护人员密切观察和陪同。特别要注意脊柱骨折时的搬运方式和姿势。②脊椎外伤伤员的搬运。对脊椎外伤伤员应用木板或门板搬运,方法是先使伤员两下肢伸直,两上肢也伸直并放于身旁。木板放在伤员一侧,2～3 人扶伤员躯干,使其成一整体滚动移至木板上,或 3 人用手臂同时将伤员平托至木板上。注意不要使伤员的躯干扭转,切忌使用搂抱,或一人抬头、一人抬足的方法,同时禁用凉椅、藤椅之类的工具运送伤员。③颈椎外伤伤员的搬运。在搬运颈椎损伤的伤员时,要有专人托扶其头颈部,沿纵轴方向略加牵引,并使头颈部随躯干一同滚动。或由伤员自己双手托住头部后再缓慢搬移。严禁随意强行搬动头部。伤员躺在木板上时应用沙袋或折好的衣物放在其颈部的两侧加以固定。④合并截瘫的伤员搬运。在运送截瘫伤员时,木板上应铺一柔软的褥垫,伤员衣物里的坚硬物件应及时取出以防压伤。禁用热水袋或盐水瓶等进行保暖以免发生烫伤。

(6)离断肢体的保护和转运：①在转运伤员的同时也应对离断的肢体给予保护和转运。随着医学的发展，断肢、断指(趾)再植的成活率越来越高，断指(趾)能否“植活”，虽然与外科技术有关，但合理的保存断指是保证“植活”的先决条件，如果保存得当，运送及时，则可提高手术成功率，减少伤残。②离体的断指(趾)在常温下可存活 6 小时左右，在低温下则可保存更长时间。所以，一旦发生肢体离断损伤，应迅速将离断肢体用干净敷料包扎，冬天可直接转送；在炎热的夏天，可在断肢下放置冰块，但不可将断肢埋入冰块中，外裹保温物品即可转送。③除非断肢污染严重，一般不需冲洗，以防加重感染。同时，要向医院提供准确的受伤时间、经过和现场情况。

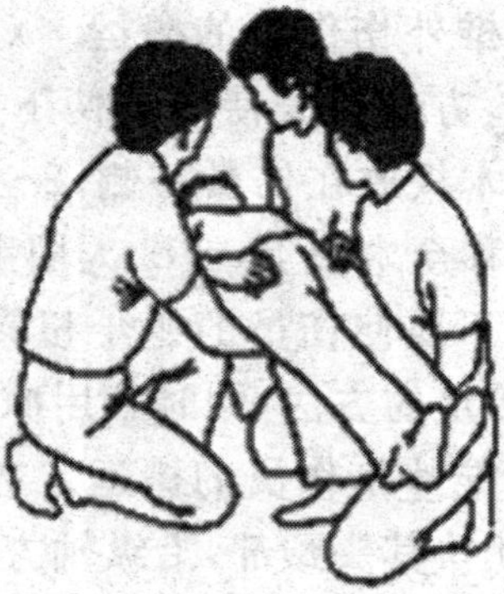

图 2-10　三人平托搬运法

图 2-11　抱持法

图 2-12　椅式法

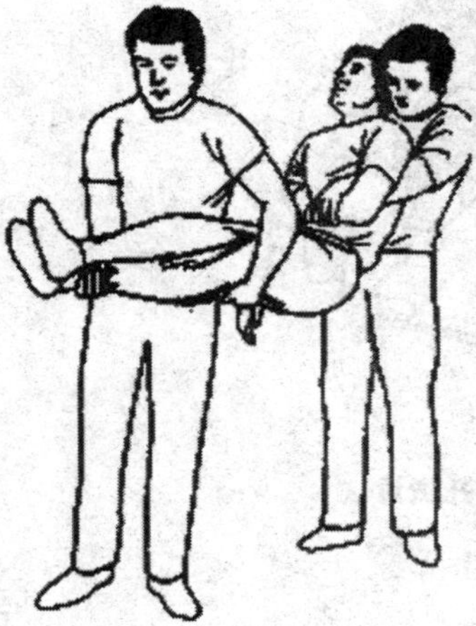

图 2-13　轿式法

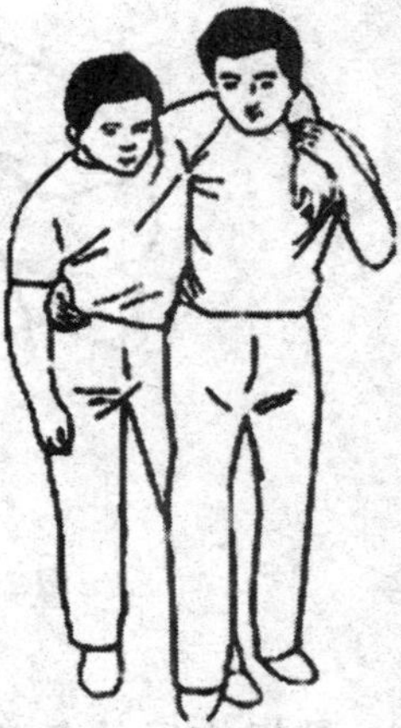

图 2-14　扶行法

图 2-15　背负法

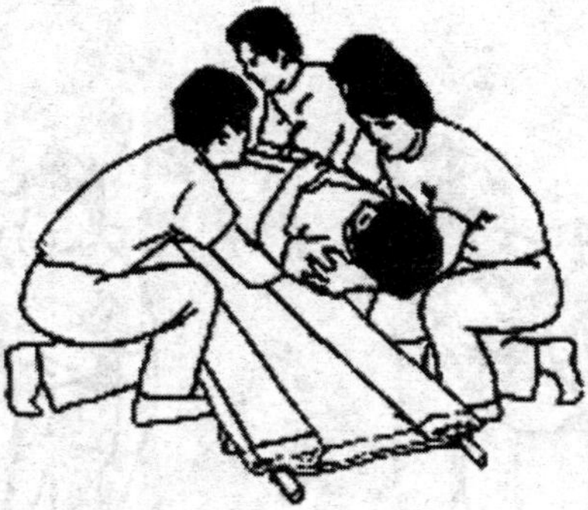

图 2-16　四人平托搬运法

2. 骨折伤员的急救措施

(1)一般处理:凡有骨折可疑的病人,均应按骨折处理。首先抢救生命。闭合性骨折有穿破皮肤,损伤血管、神经的危险时,应尽量消除显著的移位,然后用夹板固定。

(2)伤口包扎:若骨折端已戳出伤口,并已污染,但未压迫血管神经时，不应立即复位，以免将污物带进伤口深处。若在包扎伤口时骨折端已自行滑回伤口内，须向负责医师说明，促其注意。

（3）妥善固定：骨折急救处理时最重要的一项。急救固定的目的有三：①避免骨折端在搬运时移动而更多地损伤软组织、血管、神经或内脏。②骨折固定后即可止痛，有利于防止休克。③便于运输。

（4）迅速运输：骨折有伤口时要马上止血。大腿骨折时，内出血可达 1 000 毫升（人体总血量大约 4 000 毫升）。包扎固定过紧也能引起神经麻痹，铸成不可挽回的后果。当用夹板、绷带固定后，每隔 30 分钟用手指插进去查看一下，以确认是否松紧适当。

疼痛剧烈者给予止痛片。受伤部位进行包扎固定，不可随便搬动。应先用消毒纱布、棉花包扎患处，用夹板固定（无夹板可用木棍、树枝，竹竿代替）。包扎时夹板垫以软物以防皮肤受损。要把伤肢的上下两个关节固定起来，先绑骨折上端，动作要轻，受伤部位不要绑得太紧。速送医院急救。

（三）骨折的治疗原则

治疗骨折的最终目的是使受伤部位最大可能、尽快地恢复正常功能。治疗骨折有三大原则：复位、固定、功能锻炼。

1. 复位

（1）骨折早期复位：可使骨折修复顺利进行。复位的方法有手法复位和手术复位两类。如果过长地拖延复位时间，就会造成骨折复位的困难。

骨折复位是治疗骨折的首要步骤。所以，对每一个骨折，原则上应争取解剖学对位，而对某些骨折，复位时有一定困难，虽未完全恢复到解剖位置，但骨折愈合后，不影响该伤肢的功能，称功能对位。在治疗骨折时，要重视伤肢功能恢复，而不能片面地、机械地强求解剖学的复位。

若伤肢局部肿胀严重，甚至形成皮肤水疱，复位更加困难。此时仍应力求争取骨折复位，如果消极等待肿胀消失，往往延误复位的时机。

遇到伤员处于昏迷、休克状态，或合并内脏、颅脑等损伤时，则先要集中力量进行抢救，待全身情况稳定以后，才可以进行骨折复位。

(2)复位的标准：一般说来，骨折复位应争取到解剖学对位，或接近解剖学对位。但临床实践中，由于骨折部位、骨折类型、伤后骨折的肿胀程度、复位时设备条件和复位者技术水平等不同，应根据具体情况，尽最大努力使患肢得到最好程度的恢复。以骨折修复后不影响病人肢体的功能为原则。

①上肢：肱骨骨折，较多的缩短畸形和侧方移位，略超过5°～10°的成角，对患肢功能影响都不大。尺桡骨骨折要求较严。侧方移位不可超过50％，成角畸形在5°～10°以下时，对前臂旋前、旋后功能影响不大。尺桡骨必须同时整复。

②下肢：下肢骨折缩短应不超过2厘米为宜，过多的缩短，会出现跛行，日久会引起髋部和腰部疼痛。旋转移位，应尽力矫正，下肢的内旋或外旋，均会影响下肢行走的步态。

③儿童：儿童骨折整复要求较宽，一般15°以下成角及旋转畸形，以及轻度的缩短或侧方移位，在儿童发育中，均可靠强大的塑形能力得到代偿，日后无明显功能障碍。

④关节内骨折：关节内骨折，骨折线经过关节面者，复位

要求较高，应争取解剖学复位。关节内骨折，手法复位不能达到较满意的解剖学复位者，则应酌情考虑手术复位内固定。

（3）复位的方法

①手法复位。治疗骨折方法中，手法复位应用最广泛，也较安全。复位后，必须认真地检查患肢骨折部的外形、长短，是否已恢复正常。在给予适当有效的外固定后，进行 X 线透视或摄片，以确认复位结果。如复位不良，根据需要，再予以矫正。

②牵引复位。牵引既可是用于复位的方法，又是维持复位的措施。主要用于手法牵引不能复位，或复位后不稳定的骨折。

2. 固定　合适有效的固定，是骨折愈合的关键之一。它可继续维持骨折复位后的对位对线，又可以防止不利于骨折愈合的剪刀旋转力和成角的活动。常用的固定方法有两类，骨折复位后，用于伤肢外部固定的为外固定，有小夹板、石膏绷带、持续牵引等。骨折复位后，用于伤肢内部的固定为内固定，有螺丝钉、钢板、三刃钉、髓内针等。内固定后，常需借助外固定做短期或长期的协同固定，使疗效更为确实。

3. 功能锻炼　在医生指导下进行。

四、外伤大出血的紧急处理

（一）外伤出血的临床表现

1. 外伤出血可分为三类

（1）外出血：身体表面受伤引起的出血，血液从伤口流出。

(2)内出血:体内的脏器和组织受损伤而引起的内出血,血液流入体腔内,外表看不见。如肝破裂,胸腔受伤引起的血胸等。

(3)皮下出血:皮肤未破,只在皮下软组织内出血,如挫伤,瘀斑等。

2. 外伤出血的临床表现有三种

(1)动脉出血:由于动脉血管内压力较高,所以出血时呈泉涌、搏动性,尤其是大的动脉血管破裂,血液呈喷射状,颜色鲜红,常在短时间内造成大量失血,易引起生命危险。

(2)静脉出血:出血时缓缓不断地外流,呈紫红色。如大静脉出血,往往受呼吸运动的影响,吸气时流出较缓,呼气时流出较快。

(3)毛细血管出血:血液成水珠样流出,多能自动凝固止血。需特别注意的是,在外出血急救时,为防止大出血,不要将刺伤物随意拔出。

(二)外伤出血的急救止血法

及时的急救使车祸中的伤员生还:2007 年 9 月 2 日,湖南常德国道 319 线发生了一起严重的车祸,一辆中型卧铺客车与一辆农用拖拉机相撞,客车侧翻在路边的水田里。附近的村民赶到现场时,发现客车严重变形,所有乘客均被困在车内。部分乘客伤势很重,血流不止,生命危在旦夕。村民们见状一边拨打急救电话,一边想方设法稳定车内乘客们的情绪,有的递水进去,有的脱下衣服并撕成条,递给伤势较轻的乘客,让其为伤势重的乘客进行简单的冲洗和包扎。救护车赶到后，医务人员迅速将车门撬开，救出乘客。这场车祸，因现场急救及时得当，无人死亡。

由外伤引起的大出血，如不及时予以止血和包扎，就会严重威胁人的健康乃至生命。具体急救止血方法(图 2-17，18，19，20，21，22，23)：

1. 一般止血法　针对小的伤口出血，先用生理盐水冲洗，然后消毒，最后再覆盖多层消毒纱布，用绷带扎紧包扎。注意，如果患部有较多毛发，如头部，在处理时应剪剃毛发。

2. 指压止血急救法

操作：在伤口的上方，即近心端，找到搏动的血管，用手指紧紧压住。这是紧急的临时止血法，只适用于头面、颈部及四肢的动脉出血急救，压迫时间不能过长。指压止血的同时，应准备材料换用其他止血方法。采用此法，救护者必须熟悉各部位血管出血的压迫点。例如：

(1)头面部：①面部出血用拇指压迫下颌角与颏结节之间的面动脉。②前头部出血压迫耳前下颌关节上方的颞动脉。③后头部出血压住耳后突起下面稍外侧的耳后动脉。④头顶部出血在伤侧耳前，用拇指压迫颞浅动脉。

(2)头颈、腋窝和肩部：①头颈部出血。用大拇指对准颈部胸锁乳突肌中段内侧，将颈总动脉压向颈椎。注意不能同时压迫两侧颈总动脉，以免造成脑缺血、坏死。压迫时间也不能太久，以免造成危险。②腋窝和肩部出血。在锁骨上凹，胸锁乳突肌外缘向下内后方，对准第一肋骨，压住锁骨下动脉。

(3)上肢及手部：①上臂出血。一手抬高患肢，另一手拇指在上臂内侧出血位置上方压迫肱动脉。②前臂出血。在上臂肱二头肌内侧沟处，施以压力，将肱动脉压于肱骨上。

③手掌和手背出血。将患肢抬高，在腕关节内，用两手拇指分别压迫手腕部的尺动脉和桡动脉。④手指出血。用健侧的手指，使劲捏住伤手的手指根部两侧，即可止血。

(4)下肢及足部：①大腿出血。屈起伤侧大腿，使肌肉放松，用大拇指压住股动脉（在大腿根部的腹股沟中点下方），用力向后压。为增强压力，另一手可重叠施压。②足部出血。在内外踝连线中点前外上方和内踝后上方摸到胫前动脉和胫后动脉，用手指紧紧压住可止血。

3. 直接压迫法 如果伤口不大且较为表浅，血流速度较慢，可直接用干净柔软的敷料或手巾压住伤口并扎紧即可止血。

4. 加压包扎止血法 加压包扎止血法需要先用无菌纱布覆盖压迫伤口，再用三角巾或绷带用力包扎，包扎范围应该比伤口稍大。在没有无菌纱布时，可使用消毒卫生巾、餐巾等替代。

操作：用消毒的纱布、棉花做成软垫放在伤口上，再用力加以包扎，以增大压力达到止血的目的。此法应用普遍，效果也佳，但要注意加压时间不能过长。

5. 止血带止血法 四肢发生大出血，当上述止血法不能止血时，可用橡皮止血带、布制止血带置于出血部位上方，将伤肢扎紧，把动脉血管压瘪而达到止血的目的。

操作：常用的止血带是1米左右的橡皮管。掌心向上，止血带一端由虎口拿住，一手拉紧，绕肢体2圈，中、示两指将止血带的末端夹住，顺着肢体用力拉下，压住“余头”，以免滑脱。注意使用止血带止血要加垫，不要直接扎在皮肤上。每隔60分钟放松止血带3～5分钟，松时慢慢用指压法代替。

6. 填塞止血法　对于颈部或臂部较大而深的伤口，可用无菌纱布塞入伤口内，再用绷带或三角巾包扎固定。操作：将消毒的纱布、棉垫、急救包填塞压迫在伤口内，外用绷带包扎，松紧度以达到止血目的为宜。

7. 屈肢加垫止血法　当前臂或小腿出血时，可在肘窝、腋窝内放以纱布垫、棉花团或毛巾、衣服等物品，屈曲关节固定。但骨折或关节脱位者不能使用。

以上外伤出血紧急止血法仅仅是临时止血方法，作用有限，不能持久，仅用于现场或家庭急救，可为医院救治赢得时间，减少伤亡和残废，伤者还是需要紧急送医院治疗。

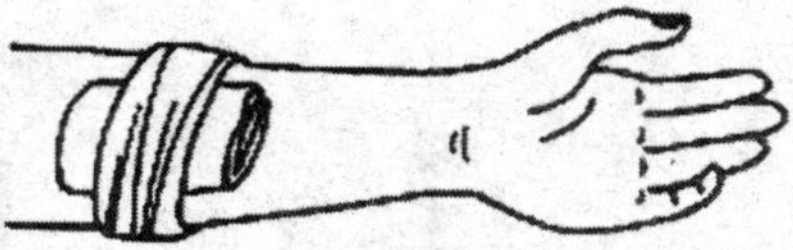

图 2-17　加压包扎示意法

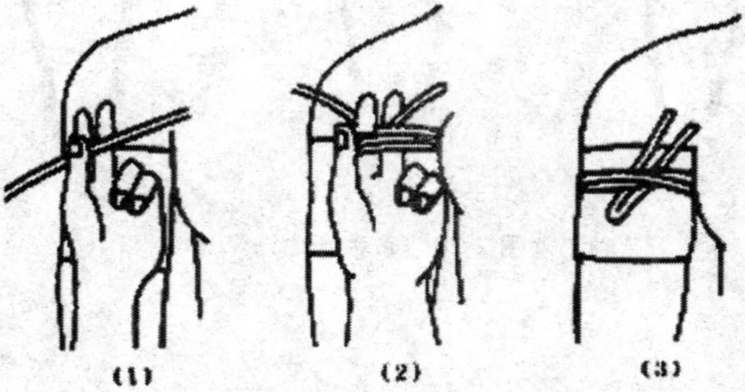

图 2-18　止血带止血法

图 2-19　肘关节屈曲加压止血法

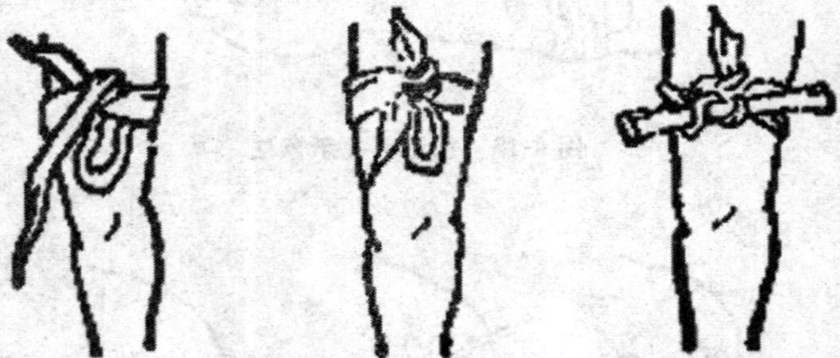

(1)　(2)　(3)

图 2-20　布带止血法

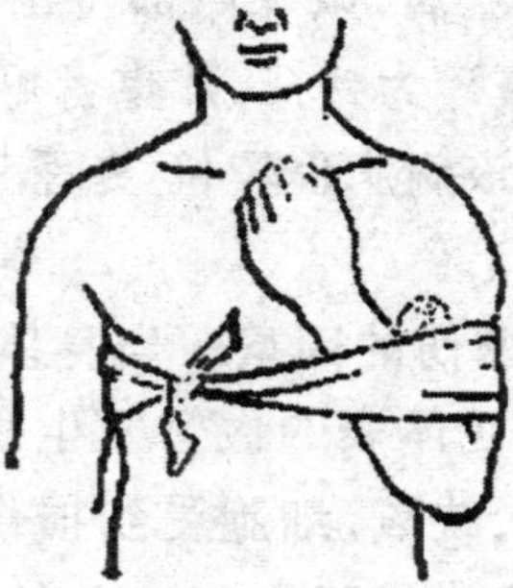

图 2-21　腋部屈肘加压止血法

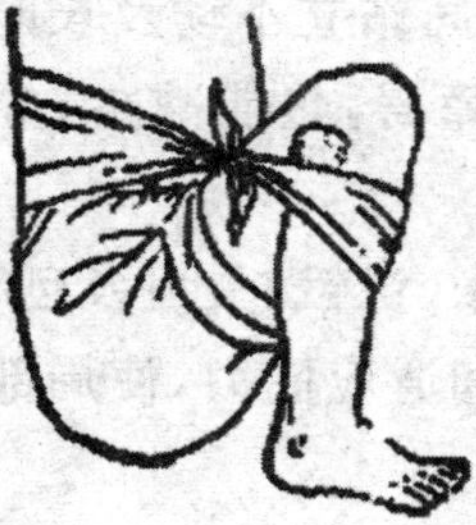

图 2-22　膝关节屈曲加压止血法

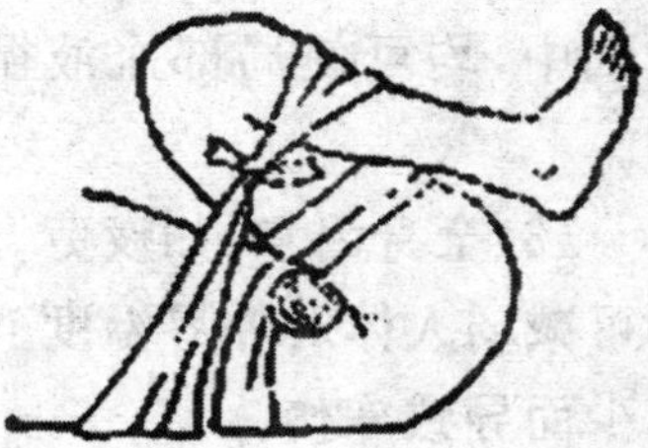

图 2-23　腹股沟部屈曲加压止血法

五、皮肤伤害的自我救治

(一)皮肤冻伤的原因与表现

冻伤是一种由寒冷所致的末梢部局限性非炎症性皮肤

病，是一种冬季常见病，以暴露部位出现充血性水肿、红斑，遇温度高时皮肤瘙痒为特征，严重者可能会出现患处皮肤糜烂、溃疡等现象。该病病程较长，冬季还会反复发作，常令人感到棘手，不易根治。

1. 皮肤出现冻伤的因素 当身体较长时间处于低温和潮湿刺激时，就会使体表的血管发生痉挛，血液流量因此减少，造成组织缺血、缺氧，细胞受到损伤，尤其是肢体远端血液循环较差的部位，如脚趾。

(1)气候因素：寒冷的气候，包括空气的湿度、风速，以及天气骤变等。潮湿和风速都可加速身体的散热。

(2)局部因素：如鞋袜过紧、长时间站立不动及长时间浸在水中，均可使局部血液循环发生障碍，热能减少，导致冻伤。

(3)全身因素：如疲劳、虚弱、紧张、饥饿、失血及创伤等，均可减弱人体对外界温度变化调节和适应能力，使局部热能减少而导致冻伤。

2. 皮肤冻伤的临床表现

(1)反应前期：系指冻伤后至复温融化前的一个阶段，其主要临床表现有受冻部位冰凉，苍白、坚硬、感觉麻木或丧失。由于局部处于冻结状态，其损伤范围和程度往往难以判定。

(2)反应期：包括复温融化和复温融化后的阶段。冻伤损伤范围和程度，随复温后逐渐明显。我国自 20 世纪 70 年代起将冻伤的严重程度，统一改为三度分类法。其临床表现如下：

一度：损伤在表皮层。局部皮肤发红、肿胀，主要症状是刺痛、灼痛，一般能在短期内（约 1 周）痊愈。有时在数周或数月仍有局部出汗过多和冷感等后遗症状。一度冻伤与冻疮的损伤机制虽有所不同，临床表现和治疗基本相同。

二度：损伤达真皮层。有局部充血和水肿，复温后 12～24 小时出现浆液性水疱形成。疱液多为橙黄色，透明，疱底呈鲜红色，局部疼痛较剧，但感觉迟钝，对针刺，冷、热感觉消失。如无并发感染，4～5 天后水肿减轻，水疱逐渐干燥，形成痂皮，2～3 周后开始脱痂痊愈。

三度：损伤达皮肤全层，皮下组织甚至肌肉，骨骼。有显著的水肿和水疱，疱液多属血性，为鲜红色或咖啡色，疱底呈灰白色或污秽色。皮肤为青紫色、灰白色、苍白色，甚至紫黑色，指（趾）甲床呈灰黑色。如无继发感染，局部变干、缩小，呈干性坏死，继发感染，则坏死组织产生恶臭分泌物，呈湿性坏死。干性坏死出现分界线的时间，一般需要 1～2 个月。从坏死组织的完全脱落，健康肉芽的出现和上皮形成，往往需要 2～3 个月以上的时间。

二、三度冻伤复温后鉴别见下（表 1）：

表 1　二、三度冻伤复温后鉴别表

鉴别内容	二度	三度
皮肤颜色	红或紫红发绀	苍白，或紫黑
水疱	多为橙黄色，浆液性	多为红色或咖啡色
疱底	鲜红色	灰白或污秽色
渗出物	较少	较多
感觉	痛觉过敏，深感觉存在	深浅感觉迟钝或丧失
皮温	增高或正常	降低

(3)反应后期：系指一、二度冻伤愈合后，和三度冻伤坏死组织脱落后，肉芽创面形成的阶段。此期可出现受伤皮肤局部发冷，感觉减退或敏感；对冷敏感，寒冷季节皮肤出现苍白或发绀；痛觉敏感，肢体不能持重等。这些表现系由于交感神经或周围神经损伤后功能紊乱所引起。脱落后，肉芽创面形成的阶段可出现：①受伤皮肤局部发冷，感觉减退或敏感。②对冷敏感，寒冷季节皮肤出现苍白或青紫。③痛觉敏感，肢体不能持重等。

这些表现系由于交感神经或周围神经损伤后功能紊乱所致。

3. 冻僵的表现 伤员皮肤苍白、冰凉，有时面部和周围组织有水肿，神志模糊或昏迷，肌肉强直，肌电图和心电图可见细微震颤，瞳孔对光反应迟钝或消失，心动过缓，心律失常，血压降低甚或测不到，可出现心房和心室纤颤，严重时心跳停止。呼吸慢而浅，严重者偶尔可见一、二次微弱呼吸。

(二)皮肤冻伤的治疗

冻伤的肢体应迅速在温水中使之温暖，水的温度要让护理人员的手能忍受(不超过 40.5℃)，要小心避免烫伤失去知觉的组织。若下肢受累，但需步行一定距离去接受医疗时，若不解冻行走，可进一步加重解冻组织的损害；若行走后再冷冻肯定会严重受损。被冻的时间越长，对以后组织的损害越大。若受冻部分不立即解冻，则应轻轻地清洁，保持干燥，用无菌绷带保护，直至温暖解冻，这种较为稳定的办法是可行的。病人可服异丁洛芬 400 毫克，若可能应全身保暖。

在医院内进行总体检查期间，应迅速将肢体置于大容器内温暖，水温保持在 38℃～43℃。回暖后，微波测温，激光多普勒流量测定，血管造影或磁共振检查可用于检查周围循环，以指导治疗，改善预后。预防感染很重要，若坏疽是干的，感染不大可能。但湿性坏疽，像浸泡足一样，可能被感染，应该应用抗生素；若免疫接种不是最近进行的，则应给予破伤风类毒素。

温暖后，肢体应保持干燥，暴露于暖空气中，尽可能做到无菌。大多数病人有脱水和血液浓缩，应口服或静脉滴注补液，并恢复电解质到正常水平。内科疗法的目标是恢复循环，使细胞损害减至最小。最有效的是低分子右旋糖酐，异丁洛芬和丁洛地乐（buflomedil），较强力的动脉内或静脉内给药，以及化学或外科方法的交感切除现已很少应用，但对晚期灼痛还是有用的。营养和精神状态需要特别关心，手术应尽可能推迟，因为黑色硬壳常可脱落而留下活的组织。"正月冻伤，7 月手术"是一句正确的格言。最好的长期治疗是漩涡浴及浴后轻轻擦干并休息。对冻伤后长期持续存在的症状（如麻木，对寒冷过敏）尚无治疗办法。

（三）皮肤冻伤的预防

1. 提高认识，加强锻炼，提高耐寒能力

（1）有计划地循序渐进地组织耐寒锻炼：例如，组织爬山、滑雪，跑步等，坚持冷水洗手，洗脸，洗脚和擦浴（应从热天开始）。

（2）掌握冻伤规律，抓住防冻重点：例如，容易发生冻伤的天气，主要是冷天和大风天，特别是气温骤变的天气；易冻部位，主要是身体暴露部位和肢端，如手、足、耳、鼻、颜面等；

易发冻伤的时机，如户外工作。掌握好以上规律，采取相应措施，实践证明是可以减少或防止冻伤发生的。

(3)加强行政管理，做好物资保证：落实防冻保暖措施，入冬前维修门、窗、火炉、火墙，草垫。衣着应温暖不透风，且松紧适度，鞋袜不能过紧。

(4)积极改善伙食：饮食时间合理安排，间隔不宜太长，注意质量，并保证吃热食。

(5)运送伤员途中注意防寒保暖：切忌立即用火烤或用雪擦受冻部位。

2. 户外工作者个人防冻“七勤”“六不要”

(1)七勤：勤进行耐寒锻炼，勤准备防寒物品，勤烤换鞋袜、鞋垫(“汗脚”者更应注意)，勤活动手足，揉搓颌面，勤用热水烫脚，勤互相督促，勤交流防冻经验。

(2)六不要：不要穿潮湿、过紧的鞋袜，不要长时间静止不动，不要在无准备时单独外出，不要赤手接触温度很低的金属，不要用火烤、雪搓或冷水浸泡受冻部位，不要酗酒。

小贴士

预防皮肤冻伤的验方

验方1：夏天吃西瓜时，将皮稍留厚些，白中带红，用它轻轻地揉搓冬天患过冻疮的部位。每次3～5分钟，每天1～2次，连擦5天，可有效预防冻疮再发。

验方2：取辣椒梗1把(约500克)，切碎后放在铁锅里，加水适量煮沸，取其汁液，每天傍晚洗擦易患冻疮的部位，连续5～7天，可防以后生冻疮。

验方 3：鲜芝麻叶、花十几片，放在生过冻疮的皮肤上，搓擦约 20 分钟，然后将叶汁等留在皮肤上，待 1 小时后用清水洗净，反复几次，可明显见效。

验方 4：新大蒜头上市后，选一些紫皮独头蒜，去皮捣烂后，放在烈日下曝晒 1 小时，待蒜液升温后，取大蒜汁涂擦患过冻疮的皮肤上，每天 3～4 次，连涂 4～5 天，可防冻疮。

验方 5：冻疮初起时，用热醋涂抹，醋干后，再行涂抹，一日数次，可见效。

（四）皮肤烧伤的急救

1. 现场急救　正确施行现场急救，为后续的治疗奠定良好基础。反之，不合理或草率的急救处理，会耽误治疗和妨碍愈合。

（1）保护烧伤部位：①迅速脱离热源。如邻近有凉水，可先冲淋或浸浴以降低局部温度。②避免再损伤局部。伤处的衣裤袜之类应剪开取下，不可剥脱。转运时，伤处向上以免受压。③减少污染，用清洁的被单、衣服等覆盖创面或简单包扎。

（2）镇静止痛：①安慰和鼓励受伤者，使其情绪稳定，勿惊恐，勿烦躁。②酌情使用地西泮（安定）、哌替啶（度冷丁）等。因重伤者可能已有休克，用药须经静脉，但又须注意避免抑制呼吸中枢。③手足烧伤的剧痛，常可用冷浸法减轻。

（3）呼吸道护理：火焰烧伤后呼吸道受烟雾、热气等损害，须十分重视呼吸道通畅，要及时切开气管（勿等待呼吸困难表现明显）给予吸氧。已昏迷的烧伤者也须注意保持呼吸道通畅。

此外，注意有无复合伤，对大出血、开放性气胸、骨折等应先施行相应的急救处理。

2. 创面处理 一度烧伤创面一般只需保持清洁和防避再损伤，面积较大者可用冷湿敷或市售烧伤油膏以缓解疼痛。二度以上烧伤创面需立即到医院处理，做“烧伤清创术”，目的是尽量清除创面污染。但已并发休克者须先抗休克治疗。使休克好转后方可施行。

修剪毛发和过长的指（趾）甲。擦洗创面周围的健康皮肤。以灭菌盐水或消毒液（如新洁尔灭、洗必泰、杜灭芬等）冲洗创面，轻轻拭去表面的黏附物，已破的水疱表皮也予清除，直至创面清洁。清创除了小面积烧伤可在处置室内施行，一般均应在手术室内施行。为了缓解疼痛，先注射镇痛镇静药。

3. 烧伤治疗原则

（1）保护烧伤区，防止和尽量清除外源性污染。

（2）预防和治疗低血容量性休克。

（3）治疗局部和全身的感染。

（4）用非手术和手术的方法促使创面早日愈合，并尽量减少瘢痕所造成的功能障碍和畸形。

（5）预防和治疗多系统器官衰竭。

对于轻度烧伤的治疗，主要是处理创面和防止局部感染，并可使用少量镇静药和饮料。对于中度以上烧伤，因其全身反应较大和并发症较多，需要局部治疗和全身治疗并重。在伤后 24～48 小时内要着重防治低血容量性休克。对于创面，除了防治感染以外，要尽力使之早日愈合。对三度者尤应如此。如能达到这两点要求，则中度以上烧伤也能较顺利地治愈。

（五）皮肤烫伤的自我救治

1. 烫伤的自我处理

被开水、热汤、热油、蒸汽等烫伤时，轻者皮肤潮红、疼痛，重者皮肤起水疱，表皮脱落。发生烫伤后，可按如下方法处理：

（1）现场处理：先让伤者迅速离开烫伤源，消除造成烫伤的原因，然后尽力保护创面。立即小心地将被热液浸透的衣裤、鞋袜脱掉，用清洁的冷水喷洒伤处或将伤处浸入清洁的冷水中，可以用湿冷毛巾敷患处，可起到止痛效果。一旦衣服与皮肤粘在一起，应剪去未粘的部分，切勿撕拉。随后用清洁布暂时盖住伤口，以防污染。除一度烫伤可在家处理外，二度以上的烫伤均应送医院紧急处理。不要用旧衣服、纸灰等不洁之物遮盖伤口，以免创面感染，也不要乱涂药膏。

（2）预防感染：尽可能不要擦破水疱或表皮，以免引起细菌感染。为了防止烫伤处起水疱，可用食醋洗涂患处，也可以用鸡蛋清涂擦患处。如果水疱已经被擦破，可用消毒过的纱布覆盖伤处，然后送医院治疗。

（3）家庭治疗：轻度烫伤或烫伤面积较小，可用鸡蛋油涂患处（鸡蛋油的做法是：取鸡蛋 1 个，去掉蛋清，将蛋黄放在锅里不加油炒到发焦，最后慢慢熬出鸡蛋油来，待鸡蛋油冷却后，即可使用）。也可用生大黄（炒干）研成细末，调鸡蛋清涂患处。与此同时，可涂些市售的烧伤油膏，切勿随便涂不洁的油、酱油或酱等，以免引起创面感染。不必包扎，2～3 天后，表皮干枯脱落，不留瘢痕。如烫伤在身体易摩擦和碰伤的部位可用消毒凡士林纱布包扎，3～6 天后痊愈。

2. 烫伤治疗 14 法

(1)先用凉水把伤处冲洗干净，然后把伤处放入凉水浸泡 30 分钟。一般来说，浸泡时间越早，水温越低(不能低于 5℃，以免冻伤)，效果越好。但伤处已经起疱并破了的，不可浸泡，以防感染。

(2)用淡盐水轻轻涂于灼伤处，可以消炎。

(3)在受伤处，擦上蜂蜜、猪油、狗油、生姜汁，均能收效。

(4)用鸡蛋清、熟蜂蜜或香油，混合调匀涂敷在受伤处，有消炎镇痛作用。

(5)切几片生梨，贴于烫伤处，有收敛止痛作用。

(6)小儿烫伤后，用黑豆 25 克加水煮浓汁，涂搽伤处有疗效。

(7)轻度烫伤，可将干废茶叶渣在火上焙微焦后研细，与茶油混合调成糊状，涂搽伤处，能消肿止痛。

(8)手足皮肤烫伤后，立即把酒精倒在盆内或桶内，将伤处全部浸入酒精中，即可镇痛消肿，防止起疱；若浸 1～2 小时，烫伤的皮肤可逐渐恢复正常。如伤处不在容易浸泡的部位，可用一块药棉浸入白酒中，取出贴敷在伤处，并随时将酒淋在药棉上，以防干燥。数小时后也能收到良好的效果。

(9)皮肤被油或开水烫伤后，可用风油精、万花油或植物油(如香油)直接涂于创面；皮肤未破者，一般 5 分钟即可镇痛。

(10)用金霉素眼药膏涂在伤处，数分钟后可以消肿镇痛。

(11)烫伤后马上抹些肥皂,可暂时消肿镇痛。

(12)轻度烫伤后,马上将受伤部位浸泡在煤油里,数分钟后可镇痛,并有消肿和防止起疱的作用。

(13)鳖甲 1 个,烧灰或加冰片少许研细,用香油调和,涂搽创面,1 日 3 次即可。

(14)发生小面积烫伤时,立刻涂点牙膏,不仅镇痛,且能抑制起水疱;已起的水疱也会自行消退,不易感染,小面积二度烧伤 1 次即愈。

(六)皮下软组织挫伤的救治

1. 软组织挫伤　是指由钝性物体直接作用于人体软组织而发生的非开放性损伤。棒打、车撞、马踢、跌倒是最常见的原因。头部、关节、胸壁、骨盆部和腰部等为多发部位。

软组织扭伤、挫伤、跌伤或撞击伤,造成肌体局部皮下软组织撕裂出血或渗出。人体运动系统除皮肤、骨骼之外的肌肉、韧带、筋膜、肌腱、滑膜、脂肪、关节囊等组织,以及周围神经、血管等不同情况的损伤。这些组织受到外来内在的不同致伤因素的作用,造成组织破坏和组织生理功能紊乱产生的损伤。

2. 软组织挫伤的症状

(1)疼痛:与暴力的性质和程度,受伤部位神经的分布及炎症反应的强弱有关。

(2)肿胀:因局部软组织内出血或(和)炎性反应渗出所致。

(3)功能障碍:引起肢体功能或活动的障碍。

(4)伤口或创面:据损伤的暴力性质和程度可以有不同

深度的伤口或皮肤擦伤等。

3. 软组织挫伤的治疗方法 软组织挫伤通常可以镇痛、理疗、制动等方法治疗。在受伤24小时内，局部可用冷敷，可以使皮肤毛细血管收缩，组织水肿消退，起到止血消肿镇痛的作用。

治疗时一般可用消炎药疗法。大血肿可做手术切开；并发骨折或休克时，须立即采取相应治疗措施。

对于软组织挫伤能即时采用中药早期敷药方法，将会有着非常好的疗效。患者往往在敷药后就能即时消肿镇痛，敷药时的绷带固定，不仅能保持关节于受伤韧带松弛的位置，暂时限制肢体活动，还有利于损伤韧带的修复，大大缩短了治疗时间。长期以来有许多患者接受此法治疗，收到了很好的疗效。24小时内冰水外敷挫伤处，如果有伤口就需要用些消毒药水(双氧水等)清洗后用些红药水、紫药水等预防感染。如果没有伤口，24小时后可以用热水外敷1～2天，之后可以酌情外用些舒筋活络药物。

六、眼外伤后的紧急处理

(一)眼外伤急症分为三大类

1. 一级急症 角膜化学烧伤、热烧伤、军事毒剂伤、眼球穿通伤合并眼球内容物脱出等。患者到达急诊室后，必须分秒必争，立即进行抢救。

2. 二级急症 ①眼球穿通伤，但眼内容物未脱出，眼部爆炸伤、眼睑撕裂伤。②眼睑挫伤合并前房出血、晶状体脱位、玻璃体出血、视网膜震荡、脉络膜裂伤。③眼部挤压伤。

④角膜异物。⑤外伤性角膜溃疡合并铜绿假单胞菌感染。⑥眶蜂窝织炎。⑦眼内炎、全眼炎。⑧交感性眼炎，急性辐射伤。⑨颅脑或颌面外伤后出现的急剧视力下降。详询病史，进行必要的检查，制定治疗方案，在情况不明之前，切忌草率手术。

3. 三级急症　结膜下出血、眼内血肿、眼内异物伤、眶骨骨折、急性眼球突出、裂孔位于上方之视网膜脱离、原因不明之视力急剧下降。

对眼外伤的处理原则是分秒必争，现场救护。对一级急症，如角膜化学烧伤、热烧伤、军事毒剂伤等必须不受场地限制，采取积极地、分秒必争的抢救。然后，再送医院采用冲洗、中和液冲洗、药物治疗、球结膜切开冲洗、前房穿刺或冲洗、应用激素治疗。

（二）眼外伤的紧急处理与自救

1. 眼部浅层损伤及表面异物处理

（1）对眼球表面异物，可先冲洗结膜囊。如异物仍未去除，应在表面麻醉下用无菌操作方法去除，取时尽量勿伤周围及深部组织，滴入的荧光素等必须无菌，严防铜绿假单胞菌等污染。角膜深层异物，应做好眼内手术准备，必要时可由前房取出。多发性异物，原则上应分期将突出表面的挑出。

（2）对眼睑或结膜撕裂伤，要彻底清洁，细致缝合，尽量保存皮肤和组织，不可随便切除。术后第五天拆线。

（3）术后结膜囊内涂抗生素眼膏或磺胺眼膏，包盖伤眼，必要时包盖双眼。

(4)疑有感染者,应予抗感染治疗。

2. 眼挫伤的紧急处理

(1)伤情重者卧床休息,进半流食。

(2)包扎伤眼。

(3)眼睑结膜裂伤及角膜浅层擦伤:处理同眼部浅层损伤,眼睑皮下出血初期冷敷,48 小时改湿热敷。

(4)泪小管断裂伤:对内眦部眼睑撕裂伤,应注意泪小管,如有断裂,须及时修复。

(5)前房出血:半卧位休息,可内服云南白药或维生素C、安络血等止血药或肌内注射。有眼压升高或大片血凝块时,应使用降眼压药,必要时做前房穿刺及冲洗。

(6)虹膜离断:可滴散瞳药,范围太宽或有单眼复视时,可行手术治疗(虹膜根部缝合术)。

(7)晶状体脱位:①晶状体部分脱位。如无明显症状,可不处理;如复视严重,无法解除,可考虑择期行摘除术。②晶状体全脱位。前脱位,应手术摘除;后脱位,脱入到玻璃体内,可行玻璃体手术。

(8)外伤性青光眼:①由于前房出血及晶状体破裂或脱位引起者,行病因治疗。②挫伤性青光眼可先行药物治疗,口服降眼压药和应用泼尼松等消除虹膜和睫状体外伤性炎性反应,若反应消退后眼压仍不下降(一般 3～6 个月),可先考虑减压手术或激光治疗。

(9)外伤性低眼压:可散瞳及糖皮质激素治疗,如有器质性损伤,针对损伤情况手术,如睫状体分离缝合术。

(10)眼底及玻璃体出血:应卧床休息,注意眼压,早期应用止血药。长期不吸收,可考虑行玻璃体手术。

(11)视网膜震荡：应滴散瞳药，卧床休息，应用维生素B_1、维生素B_{12}、维生素C，糖皮质激素等。

(12)视网膜脱离：考虑手术治疗；如系玻璃体内机化物牵引所致，可行玻璃体切割术及巩膜环扎术。

(13)眼眶挤压综合征：①合并颅底骨折、脑脊髓液鼻漏者，或合并全身挤压伤者，应请有关科医生会诊，先抢救患者生命，并防止由鼻窦或伤口导入感染。②注意有无眶壁骨折，如经X线摄片、CT或B超证明有眶骨骨折碎片或血肿压迫视神经而使视力锐降者，可酌情采取药物治疗或施行视神经减压手术。③对无明显骨折，而以眼眶组织水肿及眼底缺血病变为主者，早期行脱水及糖皮质激素治疗，并用血管扩张药和神经营养药物。

(14)眼眶骨折：应请耳鼻喉科、颌面外科及神经外科共同处理。有眼睑皮下气肿时，前筛窦受伤，可用绷带加压包扎。

(三)眼外伤急救的对与错

眼外伤的致伤原因很多，处理各异。人们在眼睛受伤后有一些下意识举动往往会加重病情。下面按致伤的原因分别从正反两方面叙述应急处理的方法。

1. 挫伤　拳头、石块及球类打击，跌撞、交通事故是眼挫伤的常见原因。眼眶周围组织血管分布丰富，颜面部由于受到钝性打击，易造成皮下出血而出现青紫肿块。此外，钝力在眼球和球壁的传递也会引起多处间接损伤，引起眼内出血，眼眶骨折，角膜、巩膜破裂，视网膜脱落等。

常见错误：马上热敷。如果是一般的眼睑淤血或出血，受伤后切不可按揉或热敷，以免加重皮下血肿。

正确做法：眼挫伤后应先行冷敷，每日 3～4 次；出血停止后 48 小时开始热敷，每日 3～4 次，每次 15 分钟。若出血的眼角有气肿，切忌擤鼻涕。如果发现患眼内有出血，或采取上述措施后疼痛不减轻、视力下降，就应该及时到医院进行全面的检查。

2. 穿通伤 大多由于儿童放鞭炮，以及刀剪、弹弓、玻璃等直接刺伤引起。可造成眼内组织损伤，甚至脱出。特别是一些异物造成的角膜穿通伤，将大量细菌带入眼内，会发生眼内炎、全眼球炎，甚至颅内感染，危及生命。

发生这类损伤应立即送往医院。由于穿通伤常有眼内容物脱出的情况，此时，很容易出现一些急救误区。

常见错误：把内容物送回眼眶，或者用水冲洗。这两种方法都是不可行的，只会加重损伤或引起感染。

正确做法：应用大小合适的盖子，经开水等消毒后，盖住脱出的伤眼并包扎，迅速送医院急诊。同时伤员应尽量避免颠簸及低头动作，防止眼内容物进一步脱出。

3. 异物伤 眼异物伤也很常见。异物入眼后，伤眼有异物感、疼痛、畏光、流泪、视力下降、结膜充血等，严重的可有角膜穿孔。

常见错误：用手揉搓。这样会加重损伤。

正确做法：用消毒的棉签浸生理盐水轻轻地搽去异物，然后点抗生素眼药水。若异物较深不能除去，则应请眼科医生进行治疗。

4. 化学伤 由化学物品的溶液或气体接触眼部所致。可分为酸性和碱性损伤两类。碱性损伤常由氢氧化钠、生石灰、氨水等引起，由于碱能溶解脂肪和蛋白质，使化学物质很快浸入深层眼内，后果较酸性烧伤严重。

常见错误：捂住双眼，用手揉搓。

正确做法：无论酸、碱伤都应争分夺秒地现场冲洗眼部，用大量的清水或其他水源反复冲洗。有条件的，酸性烧伤用3%的小苏打水冲洗，碱性烧伤用3%的硼酸水冲洗。冲洗的时候应翻开眼睑，转动眼球，至少冲洗30分钟。也可将伤员头部泡入盆中，反复睁眼、闭眼，将异物洗净。冲洗后及时送往医疗单位。

以上就是处理眼外伤的几种常见错误及正确方法。总的来说，首先应强化保护眼睛的观念，同时，学习眼保护和急救的基本知识。在发生眼外伤时应沉着冷静，运用学到的急救知识自救，并及时到有条件的眼科医院进行全面检查和正确处理，减少感染和致盲等并发症。

（四）眼外伤的护理

1. 撞伤 眼球受撞后应去医院进行一次检查，排除眼内出血，晶状体脱位，网膜肿胀等不良情况，及时治疗。以免造成视力减退以致失明的不良后果。

2. 酸、碱等化学物质溅入眼烧伤 应立即用清水冲洗眼睛，不能等到送医院再进行处理，因为腐蚀性物质在结膜囊内多留一分钟，就必然多造成一些眼部的损害，所以必须立刻冲洗，不必强调冲洗液的消毒，为了消毒液而耽误时间，加重伤势造成不可补救的眼球损害，这是最大的错误。冲洗后立刻送医院作进一步诊治。

3. 眼球发生穿孔伤 当伤员反应眼内有一股“热泪”流

出，并有眼痛、视力下降时应考虑有眼球穿孔伤，需立即用消毒纱布覆盖。如没有消毒纱布则宁愿暴露，勿用不洁手和其他物品代为遮盖，即时送医院进行处理。

应经常注意另一只眼的情况，定期去医院进行检查，如自觉畏光、流泪、眼痛等症状时，更应立即去医院诊治，积极预防交感性眼炎的发生，及时控制病情的发展，避免失明。

对伤眼已遭受严重损伤，视功能完全消失不能再恢复者，应做好心理疏导，劝慰病人及时摘除受伤眼球以防后患。

4. 注意卫生防止感染 伤后应注意眼睛卫生，勿受细菌侵犯，引起感染。

5. 及时、正确处理 化学伤要尽快就近用清水冲洗，然后再送往医院。发生机械性眼外伤，一定要及时就医。若遇开放性伤口，应避免挤压和涂擦眼膏，应用硬纸盒盖简单保护后尽快送医院。

（五）眼外伤的预防

1. 加强宣传教育 在工厂定期宣传教育，使工人了解眼外伤的危害和预防眼外伤的意义，了解预防常识。在农村收割、施用农药、基本建设时也应进行宣传教育。

2. 严格执行安全制度 首先制定安全制度和操作规程，定期检查执行情况和检查设备。

3. 改善劳动条件 可能出现事故的设备旁，应设置防护设施，并注意照明、通风、吸尘装置等。个人防护用具也不可忽视。

4. 培训基层卫生人员 掌握各种眼外伤的预防和急救措施。加强社会治安，也是减少眼外伤的重要措施。

七、呼吸骤停与人工呼吸

（一）呼吸骤停的原因与信号

一名男子在心跳、呼吸骤停10分钟后，在医护人员的全力抢救下成功获救，再创突发心跳、呼吸骤停患者生还的生命奇迹。事实经过：吕先生，突然倒地，呼之不应、意识丧失、面色发绀。在场人员情急之下，拨通了“120”。当医护人员到达现场后，发现吕先生双侧瞳孔散大，心电图描记已成一条直线，心跳呼吸停止已有10分钟。急救人员立即给予吕先生胸外心脏按压、人工呼吸。经过争分夺秒的努力，吕先生终于有了微弱的自主呼吸和心跳。随后，仍处于昏迷状态的吕先生被迅速送到太钢总医院急救中心。急救中心、重症医学科、心内科等，多科会诊人员对吕先生实行了脑复苏治疗，施于冰袋降温及脱水、降颅压、醒脑、升血压等措施。经过全力抢救，吕先生的意识终于得以恢复，生命体征也逐渐趋于稳定。此事说明农民工学点急救知识何等重要。那么，为什么人类会发生心脏、呼吸骤停呢？

1. 呼吸骤停的原因

（1）呼吸道的梗阻：如溺水、塌方窒息、气管异物、自缢，各种原因引起的喉头水肿等，使呼吸道机械性地被堵塞。

（2）氧气由肺泡进入血液发生障碍：吸入各种窒息性气体，各种原因造成的急性肺水肿等。

（3）血液带氧及组织摄氧造成困难：如一氧化碳、氰化物中毒等。

（4）呼吸肌、呼吸中枢的抑制、麻痹、触电、脊髓前角灰白质炎等。

专家指点：心跳、呼吸骤停可能有3种原因：一是心源性猝死；二是电解质紊乱、酸碱失衡、代谢性障碍；三是脑部问题，如脑出血、脑梗死。

临床上呼吸骤停常常与循环骤停同时发生，难以清楚地划清二者的原因。而且，无论何种原因所引起的何种骤停，现场急救的原则基本相同，最关键的措施都是进行人工呼吸。

2. 呼吸骤停的信号　在呼吸骤停之前病情的观察中，呼吸是必须密切关注的生命体征之一。只要细心观察，不难发现病人呼吸所出现的异常信号，大致可分为：

(1)潮式呼吸：呼吸似潮水涨落，由浅慢而逐渐地变为深快，再由深快逐渐地变为浅慢，最后呼吸暂停一段时间，反复进行。

(2)间歇呼吸：病人呼吸一段时间后，突然停止一会儿，又开始呼吸，反复进行。

(3)点头呼吸：病人的头随呼吸而上下移动，此时病人多处于昏迷状态。

(4)下颌呼吸：呼吸时只见下颌活动，且多呈口角牵动下唇运动现象。

(5)叹息呼吸：病人于急促的呼吸之中不时叹息1次，病人多处于昏迷状态。

(6)双吸气呼吸：病人每一次吸气时都连续独吸2次。

(7)鼾声呼吸：与正常人打鼾不同，病人在呼吸中时时发出一阵粗大的鼾声，这是死亡的警报。

(8)库斯毛尔呼吸：呼吸特点是深而慢，是体内酸中毒的表现。

这 8 种呼吸异常的信号，均预示着呼吸中枢极度衰竭，病人已濒临死亡。

(二)人工呼吸的正确操作

人工呼吸方法很多,有口对口吹气法、俯卧压背法、仰卧压胸法,但以口对口吹气式人工呼吸最为方便和有效(图 2-24,25,26,27,28,29,30,31,32,33,34,35)。

1. 口对口或(鼻)吹气法

(1)口对口法:此法操作简便容易掌握,而且气体的交换量大,接近或等于正常人呼吸的气体量。对成年人、小孩效果都很好。操作方法:

①病人取仰卧位,即胸腹朝天。

②救护人站在其头部的一侧,自己深吸一口气,对着伤病人的口(两嘴要对紧不要漏气)将气吹入,造成吸气。为使空气不从鼻孔漏出,此时可用一手将其鼻孔捏住,然后救护人嘴离开,将捏住的鼻孔放开,并用一手压其胸部,以帮助呼气。这样反复进行,每分钟进行 14～16 次。

(2)口对鼻法:如果病人口腔有严重外伤或牙关紧闭时,可对其鼻孔吹气(必须堵住口)即为口对鼻吹气。救护人吹气力量的大小,依病人的具体情况而定。一般以吹进气后,病人的胸廓稍微隆起为最合适。口对口之间,如果有纱布。则放一块叠二层厚的纱布,或一块一层的薄手帕。但注意,不要因此影响空气出入。

2. 俯卧压背法　此法应用较普遍,但在人工呼吸中是一种较古老的方法。由于病人取俯卧位,舌头能略向外坠出，不会堵塞呼吸道，救护人不必专门来处理舌头，节省了时间（在极短时间内将舌头拉出并固定好并非易事），能及早进行人工呼吸。气体交换量小于口对口吹气法，但抢救成功率高于下面将要提到的几种人工呼吸法。目前，在抢救触电、溺水时，现场还多用此法。但对于孕妇、胸背部有骨折者，不宜采用此法。操作方法如下：

(1)伤病人取俯卧位，即胸腹贴地，腹部可微微垫高，头偏向一侧，两臂伸过头，一臂枕于头下，另一臂向外伸开，以使胸廓扩张。

(2)救护人面向其头，两腿屈膝跪地于伤者大腿两旁，把两手平放在其背部肩胛骨下角（大约相当于第七对肋骨处）、脊柱骨左右，大拇指靠近脊柱骨，其余四指稍开微弯。

(3)救护人俯身慢慢用力向前，向下推压，用力的方向是向下、稍向前推压。当救护人的肩膀与病人肩膀将成一直线时，不再用力。在这个向下、向前推压的过程中，即将肺内的空气压出，形成呼气。然后慢慢放松回身，使外界空气进入肺内，形成吸气。

(4)按上述动作，反复有节律地进行，每分钟 14～16 次。

3. 仰卧压胸法　此法便于观察病人的表情，而且气体交换量也接近于正常的呼吸量，但最大的缺点是，伤员的舌头由于仰卧而后坠，阻碍空气的出入。所以，做本法时要将舌头拉出。这种姿势，对于淹溺及胸部创伤、肋骨骨折伤员不宜使用。操作如下：

(1)病人取仰卧位，背部可稍加垫，使胸部凸起。

(2)救护人屈膝跪地于病人大腿两旁，把双手分别放于乳房下面（相当于第六、七对肋骨处），大拇指向内，靠近胸骨下端，其余四指向外。放于胸廓肋骨之上，以分分钟 14～16 次相当于自然呼吸的频率，反复的有节律的进行按压，其力量以胸廓略有凹陷为度。

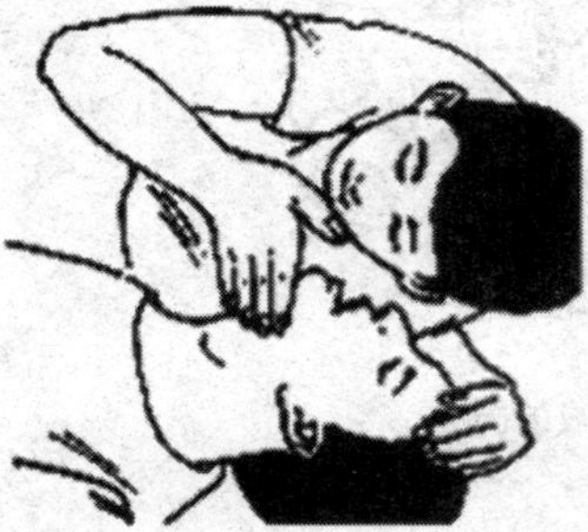

2-24　判断患者是否存在呼吸停止

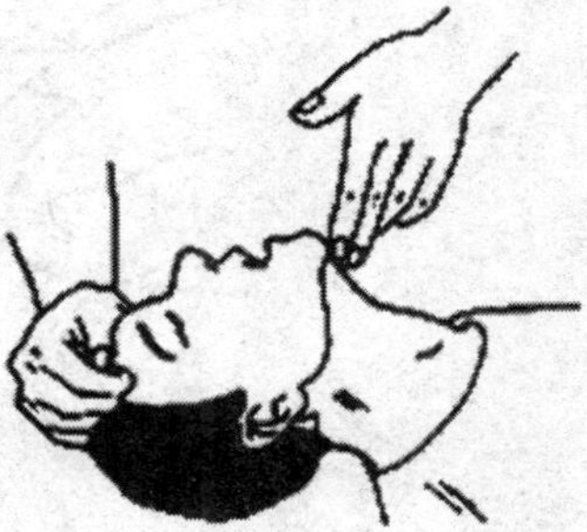

图 2-25　仰头举颌示意图

图 2-26　小儿口对口鼻吹气示意图

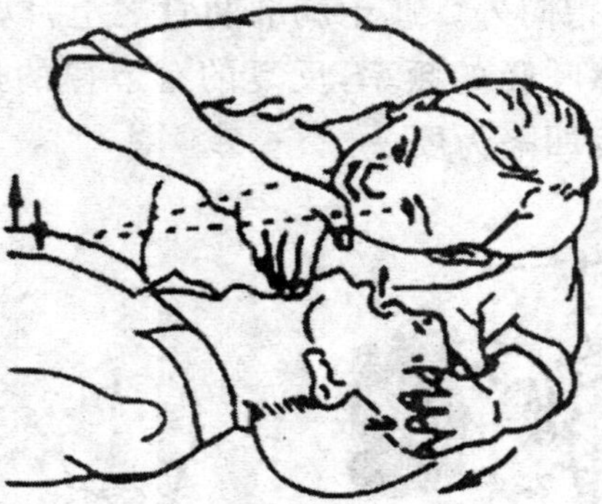

图 2-27　判断呼吸的方法

图 2-28　成人口对口吹气示意图

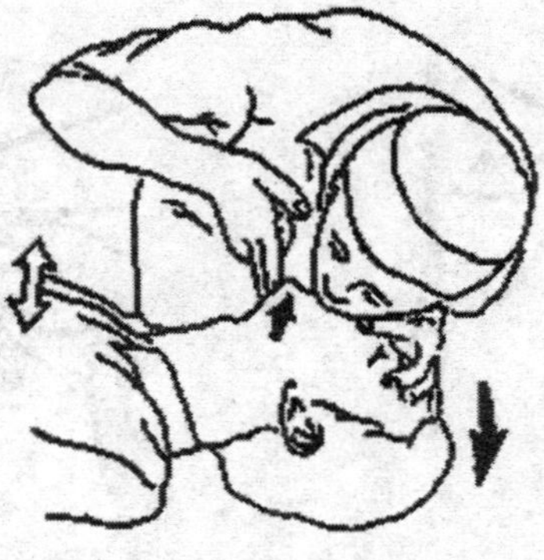

图 2-29　口对口人工呼吸

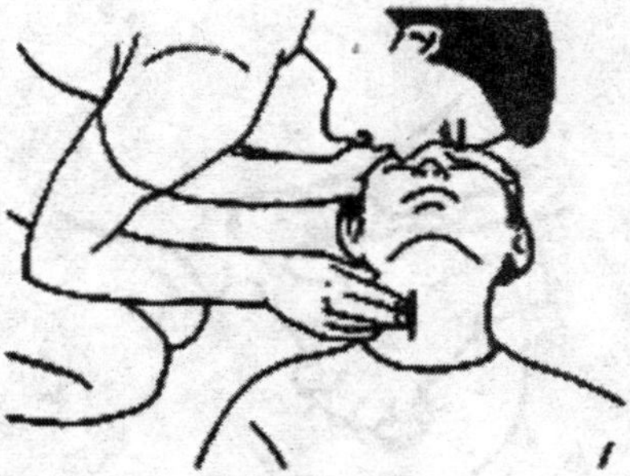

图 2-30　触摸成人颈动脉示意图

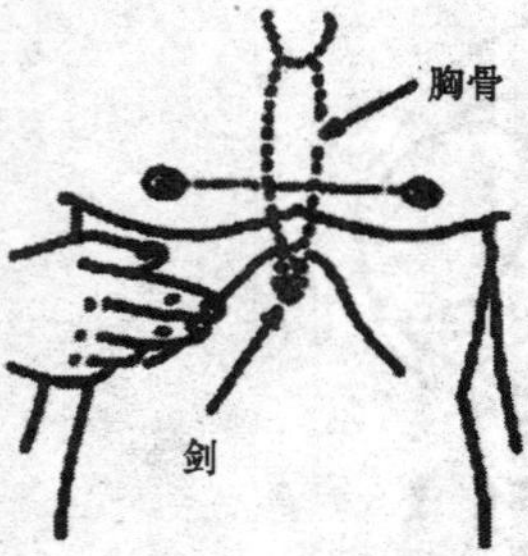

图 2-31　心脏被压部位示意图

图 2-32　胸外心脏按压定位示意图

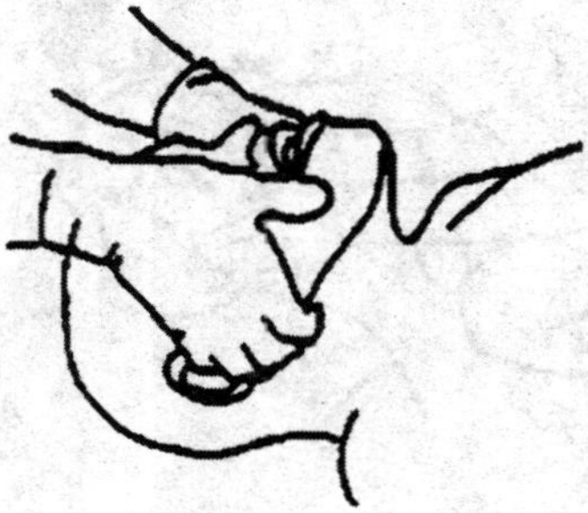

图 2-33　托颌法

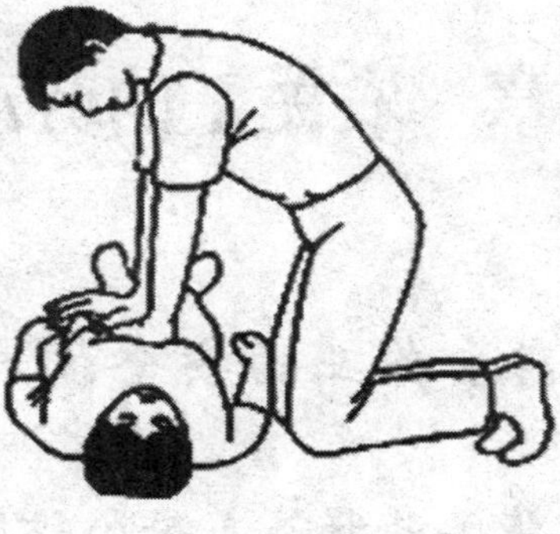

图 2-34　成人胸外心脏按压示意图

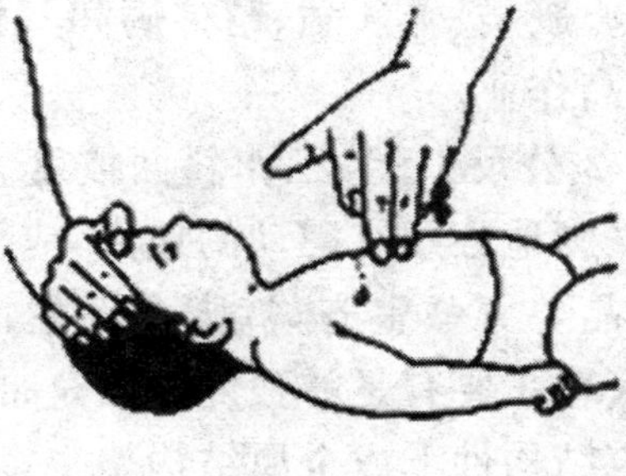

图 2-35　婴儿胸外心脏按压示意图

第三章　农民工的劳动保护

一、高空作业的安全技术规范

（一）高空作业的程序与安全规定

1. 高空作业安全程序

（1）熟悉掌握高空作业工种专业技术及规程。

（2）年满18岁，经体格检查合格后方可从事高空作业。凡患有高血压、心脏病、癫痫病、精神病和其他不适于高空作业的人，禁止登高作业。

（3）距地面2公尺以上，工作斜面坡度大于45°，工作地面没有平稳的立脚地方或有震动的地方，应视为高空作业。

（4）防护用品要穿戴整齐，裤脚要扎住，戴好安全帽，不准穿光滑的硬底鞋。要有足够强度的安全带，并应将绳子牢系在坚固的建筑结构件上或金属结构架上，不准系在活动物件上。

（5）登高作业前，施工负责人应对全体人员进行现场安全教育。

（6）检查所用的登高工具和安全用具（如安全帽、安全带、梯子、跳板、脚手架、防护板、安全网）必须安全可靠，严禁冒险作业。

（7）高空作业区地面要划出禁区，用竹篱笆围起，并挂上

“闲人免进”、“禁止通行”等警示牌。

(8)靠近电源(低压)线路作业前,应先联系停电。确认停电后方可进行工作,并应设置绝缘档壁。作业者最少离开电线(低压)2 公尺以外。禁止在高压线下作业。

(9)高空作业所用的工具、零件、材料等必须装入工具袋。上下时手中不得拿物件;并必须从指定的路线上下,不得在高空投掷材料或工具等物;不得将易滚易滑的工具、材料堆放在脚手架上;不准打闹。工作完毕应及时将工具、零星材料、零部件等一切易坠落物件清理干净,以防落下伤人,上下大型零件时,应采用可靠的起吊机具。

(10)要处处注意危险标志和危险地方。夜间作业,必须设置足够的照明设施,否则禁止施工。

(11)严禁上下同时垂直作业。若特殊情况必须垂直作业,应经有关领导批准,并在上下两层间设备专用的防护棚或者其他隔离设施。

(12)严禁坐在高空无遮拦处休息,防止坠落。

(13)卷扬机等各种升降设备严禁上下载人。

(14)在石棉瓦屋面工作时,要用梯子等物垫在瓦上行动,防止踩破石棉瓦坠落。

(15)不论任何情况,不得在墙顶上工作或通行。

(16)脚手架的负荷量、每平方公尺不能超过 270 千克,如负荷量必须加大,架子应适当加固。

(17)超过 3 米长的铺板不能同时站两人工作。

(18)进行高空焊接、氧割高空作业时,必须事先清除火星飞溅范围内的易燃易爆物品。

(19)脚手板、斜道板、跳板和交通运输道,应随时清扫。

如有泥、水、冰、雪，要采取有效防滑措施，并经安全员检查同意后方可开工。当结冻积雪严重，无法清除时，停止高空作业。

(20)遇6级以上大风时，禁止露天进行高空作业。

(21)使用梯子时，必须先检查梯子是否坚固，是否符合安全要求。立梯坡度以60°为宜。梯底宽度不低于50厘米，并应有防滑装置。梯顶无搭勾，梯脚不能稳固时，须有人扶梯，人字梯拉绳必须牢固。

2. 高空作业安全规定

(1)高处作业的安全技术措施及其所需料具，必须列入工程的施工组织设计。

(2)单位工程施工负责人，应对工程的高处作业安全技术负责，并建立相应的责任制。施工前，应逐级进行安全技术教育及交底，落实所有安全技术措施和人身防护用品，未经落实时不得进行施工。

(3)高处作业中的安全标志、工具、仪表、电气设施和各种设备，必须在施工前加以检查，确认其完好，方能投入使用。

(4)攀登和悬空高处作业人员及搭设高处作业安全设施的人员，必须经过专业技术培训及专业考试合格，持证上岗，并必须定期进行体格检查。

(5)施工中对高处作业的安全技术设施，发现有缺陷和隐患时，必须及时解决；危及人身安全时，必须停止作业。

(6)施工作业场所有坠落可能的物件，应一律先行撤除或加以固定。高处作业中所用的物料，均应堆放平稳，不妨碍通行和装卸。工具应随手放入工具袋；作业中的走道、通道板和登高用具，应随时清扫干净；拆卸下的物件及余料和废料均应及时清理运走，不得任意乱置或向下丢弃。传递物件禁止抛掷。

(7)雨天和雪天进行高处作业时，必须采取可靠的防滑、防寒和防冻措施。凡水、冰、霜、雪均应及时清除。对进行高处作业的高耸建筑物，应事先设置避雷设施。遇有6级以上强风、浓雾等恶劣气候，不得进行露天攀登与悬空高处作业。暴风雪及台风暴雨后，应对高处作业安全设施逐一加以检查，发现有松动、变形、损坏或脱落等现象，应立即修理完善。

(8)因作业必需，临时拆除或变动安全防护设施时，必须经施工负责人同意，并采取相应的可靠措施，作业后应立即恢复。

(9)防护棚搭设与拆除时，应设警戒区，并应派专人监护。严禁上下同时拆除。

(10)高处作业安全设施的主要受力杆件，力学计算按一般结构力学公式，强度及挠度计算按现行有关规范进行，但钢受弯构件的强度计算不考虑塑性影响，构造上应符合现行的相应规范的要求。

(二)临边作业与洞口作业的安全防护

1. 临边作业的安全防护

(1)临边高处作业，必须设置防护措施，并符合下列规定

①基坑周边，尚未安装栏杆或栏板的阳台、料台与挑平台周边，雨篷与挑檐边，无外脚手架的屋面与楼层周边及水箱与水塔周边等处，都必须设置防护栏杆。

②头层墙高度超过3.2米的二层楼面周边，以及无外脚

手架的高度超过3.2米的楼层周边,必须在外围架设安全平网一道。

③分层施工的楼梯口和梯段边,必须安装临时护栏。顶层楼梯口应随工程结构进度安装正式防护栏杆。

④井架与施工用电梯和脚手架等与建筑物通道的两侧边,必须设防护栏杆。地面通道上部应装设安全防护棚。双笼井架通道中间,应予分隔封闭。

⑤各种垂直运输接料平台,除两侧设防护栏杆外,平台口还应设置安全门或活动防护栏杆。

(2)临边防护栏杆杆件的规格及连接要求,应符合下列规定

①毛竹横杆小头有效直径不应小于70毫米,栏杆柱小头直径不应小于80毫米,并须用不小于16号的镀锌钢丝绑扎,不应少于3圈,并无泻滑。

②原木横杆上杆梢径不应小于70毫米,下杆梢径不应小于60毫米,栏杆柱梢径不应小于75毫米。并须用相应长度的圆钉钉紧,或用不小于12号的镀锌钢丝绑扎,要求表面平顺和稳固无动摇。

③钢筋横杆上杆直径不应小于16毫米,下杆直径不应小于14毫米。钢管横杆及栏杆柱直径不应小于18毫米,采用电焊或镀锌钢丝绑扎固定。

④钢管栏杆及栏杆均采用φ48×(2.75～3.50)毫米的管材,以扣件或电焊固定。

⑤以其他钢材如角钢等作防护栏杆杆件时,应选用强度相当的规格,以电焊固定。

(3)搭设临边防护栏杆时,必须符合下列要求

①防护栏杆应由上、下两道横杆及栏杆柱组成，上杆离地高度为 1.0～1.2 米，下杆离地高度为 0.5～0.6 米。坡度大于 1∶2.2 的层面，防护栏杆应高 1.5 米，并加挂安全立网。除经设计计算外，横杆长度大于 2 米时，必须加设栏杆柱。

②栏杆柱的固定应符合下列要求

当在基坑四周固定时，可采用钢管并打入地面 50～70 厘米深。钢管离边口的距离，不应小于 50 厘米。当基坑周边采用板桩时，钢管可打在板桩外侧。

当在混凝土楼面、屋面或墙面固定时，可用预埋件与钢管或钢筋焊牢。采用竹、木栏杆时，可在预埋件上焊接 30 厘米长的∟ 50×5 角钢，其上下各钻一孔，然后用 10 毫米螺栓与竹、木杆件拴牢。

当在砖或砌块等砌体上固定时，可预先砌入规格相适应的 80×6 弯转扁钢作预埋铁的混凝土块，然后用上项方法固定。

③栏杆柱的固定及其与横杆的连接，其整体构造应使防护栏杆在上杆任何处，能经受任何方向的 1 000N(牛)外力。当栏杆所处位置有发生人群拥挤、车辆冲击或物件碰撞等可能时，应加大横杆截面或加密柱距。

④防护栏杆必须自上而下用安全立网封闭，或在栏杆下边设置严密固定的高度不低于 18 厘米的挡脚板或 40 厘米的挡脚笆。挡脚板与挡脚笆上如有孔眼，不应大于 25 毫米。板与笆下边距离底面的空隙不应大于 10 毫米。接料平台两侧的栏杆，必须自上而下加挂安全立网或满扎竹笆。

⑤当临边的外侧面临街道时，除防护栏杆外，敞口立面

必须采取满挂安全网或其他可靠措施作全封闭处理。

2. 洞口作业的安全防护

(1)进行洞口作业，以及在因工程和工序需要而产生的，使人与物有坠落危险或危及人身安全的其他洞口进行高处作业时，必须按下列规定设置防护设施：

①板与墙的洞口，必须设置牢固的盖板、防护栏杆、安全网或其他防坠落的防护设施。

②电梯井口必须设防护栏杆或固定栅门；电梯井内应每隔两层并最多隔10米设一道安全网。

③钢管桩、钻孔桩等桩孔上口，杯形、条形基础上口，未填土的坑槽，以及人孔、天窗、地板门等处，均应按洞口防护设置稳固的盖件。

④施工现场通道附近的各类洞口与坑槽等处，除设置防护设施与安全标志外，夜间还应设红灯示警。

(2)洞口根据具体情况采取设防护栏杆、加盖件、张挂安全网与装栅门等措施时，必须符合下列要求：

①楼板、屋面和平台等面上短边尺寸小于25厘米但大于2.5厘米的孔口，必须用坚实的盖板盖没。盖板应防止挪动移位。

②楼板面等处边长为25～50厘米的洞口、安装预制构件时的洞口，以及缺件临时形成的洞口，可用竹、木等作盖板、盖住洞口。盖板须能保持四周搁置均衡，并有固定其位置的措施。

③边长为50～150厘米的洞口，必须设置以扣件扣接钢管而成的网格，并在其上满铺竹笆或脚手板。也可采用贯穿于混凝土板内的钢筋构成防护网，钢筋网格间距不得大于

20 厘米。

④边长在 150 厘米以上的洞口，四周设防护栏杆，洞口下张设安全平网。

⑤垃圾井道和烟道，应随楼层的砌筑或安装而消除洞口，或参照预留洞口作防护。管道井施工时，除按上述办理外，还应加设明显的标志。如有临时性拆移，需经施工负责人核准，工作完毕后必须恢复防护设施。

⑥位于车辆行驶道旁的洞口、深沟与管道坑、槽，所加盖板应能承受不小于当地额定卡车后轮有效承载力 2 倍的荷载。

⑦墙面等处的竖向洞口，凡落地的洞口应加装开关式、工具式或固定式的防护门，门栅网格的间距不应大于 15 厘米，也可采用防护栏杆，下设挡脚板(笆)。

⑧下边沿至楼板或底面低于 80 厘米的窗台等竖向洞口，如侧边落差大于 2 米时，应加设 1.2 米高的临时护栏。

⑨对邻近的人与物有坠落危险性的其他竖向的孔、洞口，均应予以盖没或加以防护，并有固定其位置的措施。

(三)攀登作业与悬空作业的安全防护

1. 攀登作业的安全防护

(1)在施工组织设计中应确定用于现场施工的登高和攀登设施。现场登高应借助建筑结构或脚手架上的登高设施，也可采用载人的垂直运输设备。进行攀登作业时可使用梯子或采用其他攀登设施。

(2)条柱、梁和行车梁等构件吊装所需的直爬梯及其他登高用拉攀件，应在构件施工图或说明内作出规定。

(3)攀登的用具,结构构造上必须牢固可靠。供人上下的踏板其使用荷载不应大于1 100N(牛)。当梯面上有特殊作业,重量超过上述荷载时,应按实际情况加以验算。

(4)移动式梯子,均应按现行的国家标准验收其质量。

(5)梯脚底部应坚实,不得垫高使用。梯子的上端应有固定措施。立梯工作角度以75°±5°为宜,踏板上下间距以30厘米为宜,不得有缺档。

(6)梯子如需接长使用,必须有可靠的连接措施,且接头不得超过1处。连接后梯梁的强度,不应低于单梯梯梁的强度。

(7)折梯使用时上部夹角以35°～45°为宜,铰链必须牢固,并应有可靠的拉撑措施。

(8)固定式直爬梯应用金属材料制成。梯宽不应大于50厘米,支撑应采用不小于∟ 70×6的角钢,埋设与焊接均必须牢固。梯子顶端的踏棍应与攀登的顶面齐平,并加设1.0～1.5米高的扶手。使用直爬梯进行攀登作业时,攀登高度以5米为宜。超过2米时,宜加设护笼,超过8米时,必须设置梯间平台。

(9)作业人员应从规定的通道上下,不得在阳台之间等非规定通道进行攀登,也不得任意利用吊车臂架等施工设备进行攀登。上下梯子时,必须面向梯子,且不得手持器物。

(10)钢柱安装登高时,应使用钢挂梯或设置在钢柱上的爬梯。

钢柱的接柱应使用梯子或操作台。操作台横杆高度。当无电焊防风要求时,其高度不宜小于1米,有电焊防风要求时;其高度不宜小于1.8米。

(11)登高安装钢梁时,应视钢梁高度,在两端设置挂梯或搭设钢管脚手架。

梁面上需行走时,其一侧的临时护栏横杆可采用钢索,当改用扶手绳时,绳的自然下垂度不应大于1/20,并应控制在10厘米以内。

(12)钢层架的安装,应遵守下列规定

①在层架上下弦登高操作时,对于三角形屋架应在屋脊处,梯形层架应在两端,设置攀登时上下的梯架。材料可选用毛竹或原木,踏步间距不应大于40厘米,毛竹梢径不应小于70毫米。

② 屋架吊装以前,应在上弦设置防护栏杆。

③屋架吊装以前,应预先在下弦挂设安全网;吊装完毕后,即将安全网铺设固定。

2. 悬空作业的安全防护　悬空作业处应有牢靠的立足处,并必须视具体情况,配置防护栏网、栏杆或其他安全设施。悬空作业所用的索具、脚手板、吊篮、吊笼、平台等设备,均需经过技术鉴定或检证方可使用。

(1)构件吊装和管道安装时的悬空作业,必须遵守下列规定

①钢结构的吊装,构件应尽可能在地面组装,并应搭设进行临时固定、电焊、高强螺栓连接等工序的高空安全设施,随构件同时上吊就位。拆卸时的安全措施,亦应一并考虑和落实。高空吊装预应力钢筋混凝土层架、桁架等大型构件前,也应搭设悬空作业中所需的安全设施。

②悬空安装大模板、吊装第一块预制构件、吊装单独的大中型预制构件时,必须站在操作平台上操作。吊装中的大

模板和预制构件，以及石棉水泥板等屋面板上，严禁站人和行走。

③安装管道时必须有已完成的结构或操作平台为立足点，严禁在安装中的管道上站立和行走。

(2)模板支撑和拆卸时的悬空作业，必须遵守下列规定

①支模应按规定的作业程序进行，模板未固定前不得进行下一道工序。严禁在连接件和支撑件上攀登上下，并严禁在上下同一垂直面上装、拆模板。结构复杂的模板，装、拆应严格按照施工组织设计的措施进行。

②支设高度在 3 米以上的柱模板，四周应设斜撑，并应设立操作平台。低于 3 米的可使用马凳操作。

③支设悬挑形式的模板时，应有稳固的立足点。支设临空构筑物模板时，应搭设支架或脚手架。模板上有预留洞时，应在安装后将洞盖没。混凝土板上拆模后形成的临边或洞口，应按本规范有关章节进行防护。拆模高处作业，应配置登高用具或搭设支架。

(3)钢筋绑扎时的悬空作业，必须遵守下列规定

①绑扎钢筋和安装钢筋骨架时，必须搭设脚手架和马道。

②绑扎圈梁、挑梁、挑檐、外墙和边柱等钢筋时，应搭设操作台架和张挂安全网。

悬空大梁钢筋的绑扎，必须在满铺脚手板的支架或操作平台上操作。

③绑扎立柱和墙体钢筋时，不得站在钢筋骨架上或攀登骨架上下。3 米以内的柱钢筋。可在地面或楼面上绑扎，整体竖立。绑扎 3 米以上的柱钢筋，必须搭设操作平台。

(4)混凝土浇筑时的悬空作业,必须遵守下列规定

①浇筑离地2米以上框架、过梁、雨篷和小平台时,应设操作平台,不得直接站在模板或支撑件上操作。

②浇筑拱形结构,应自两边拱脚对称地相向进行。浇筑储仓,下口应先行封闭,并搭设脚手架以防人员坠落。

③特殊情况下如无可靠的安全设施,必须系好安全带并扣好保险钩,或架设安全网。

(5)进行预应力张拉的悬空作业时,必须遵守下列规定

①进行预应力张拉时,应搭设站立操作人员和设置张拉设备的牢固可靠的脚手架或操作平台。雨天张拉时,还应架设防雨棚。

②预应力张拉区域标示明显的安全标志,禁止非操作人员进入。张拉钢筋的两端必须设置挡板。挡板应距所张拉钢筋的端部1.5～2.0米,且应高出最上一组张拉钢筋0.5米其宽度应距张拉钢筋两外侧各不小于1米。

③孔道灌浆应按预应力张拉安全设施的有关规定进行。

(6)悬空进行门窗作业时,必须遵守下列规定

①安装门、窗,油漆及安装玻璃时,严禁操作人员站在樘子、阳台栏板上操作。门、窗临时固定,封填材料未达到强度,以及电焊时,严禁手拉门、窗进行攀登。

②在高处外墙安装门、窗,无外脚手时,应张挂安全网。无安全网时,操作人员应系好安全带,其保险钩应挂在操作人员上方的可靠物件上。

③进行各项窗口作业时,操作人员的重心应位于室内,不得在窗台上站立,必要时应系好安全带进行操作。

(四)操作平台与交叉作业的安全防护

1. 操作平台的安全防护

(1)移动式操作平台,必须符合下列规定

①操作平台应由专业技术人员按现行的相应规范进行设计,计算书及图纸应编入施工组织设计。

②操作平台的面积不应超过10米,高度不应超过5米。还应进行稳定验算,并采用措施减少立柱的长细比。

③装设轮子的移动式操作平台,轮子与平台的接合处应牢固可靠,立柱底端离地面不得超过80毫米。

④操作平台可用φ(48～51)毫米×3.5毫米钢管以扣件连接,亦可采用门架式或承插式钢管脚手架部件,按产品使用要求进行组装。平台的次梁,间距不应大于40厘米;台面应满铺3厘米厚的木板或竹笆。

⑤操作平台四周必须按临边作业要求设置防护栏杆,并应布置登高扶梯。

(2)悬挑式钢平台,必须符合下列规定

①悬挑式钢平台应按现行的相应规范进行设计,其结构构造应能防止左右晃动,计算书及图纸应编入施工组织设计。

②悬挑式钢平台的搁支点与上部拉结点,必须位于建筑物上,不得设置在脚手架等施工设备上。

③斜拉杆或钢丝绳,构造上宜两边各设前后两道,两道中的每一道均应作单道受力计算。

④应设置4个经过验算的吊环。吊运平台时应使用卡环,不得使吊钩直接钩挂吊环。吊环应用甲类3号沸腾钢制

作。

⑤钢平台安装时，钢丝绳应采用专用的挂钩挂牢，采取其他方式时卡头的卡子不得少于 3 个。建筑物锐角利口围系钢丝绳处应加衬软垫物，钢平台外口应略高于内口。

⑥钢平台左右两侧必须装置固定的防护栏杆。

⑦钢平台吊装，需待横梁支撑点电焊固定，接好钢丝绳，调整完毕，经过检查验收，方可松卸起重吊钩，上下操作。

⑧钢平台使用时，应有专人进行检查，发现钢丝绳有锈蚀损坏应及时调换，焊缝脱焊应及时修复。

操作平台上应显著地标明容许荷载值。操作平台上人员和物料的总重量，严禁超过设计的容许荷载。应配备专人加以监督。

2. 交叉作业的安全防护

(1)支模、粉刷、砌墙等各工种进行上下立体交叉作业时，不得在同一垂直方向上操作。下层作业的位置，必须处于依上层高度确定的可能坠落范围半径之外。不符合以上条件时，应设置安全防护层。

(2)钢模板、脚手架等拆除时，下方不得有其他操作人员。

(3)钢模板部件拆除后，临时堆放处离楼层边沿不应小于 1 米，堆放高度不得超过 1 米。楼层边口、通道口、脚手架边缘等处，严禁堆放任何拆下物件。

(4)结构施工自二层起，凡人员进出的通道口(包括井架、施工用电梯的进出通道口)，均应搭设安全防护棚。高度超过 24 米的层次上的交叉作业，应设双层防护。

(5)由于上方施工可能坠落物件或处于起重机把杆回转

范围之内的通道，在其受影响的范围内，必须搭设顶部能防止穿透的双层防护廊。（摘自《建筑施工高处作业安全技术规范》）

三、有毒作业场所劳动保护

（一）有毒作业场所的预防措施

1. 有毒作业场所必须符合下列要求 用人单位的设立，应当符合有关法律、行政法规规定的设立条件，并依法办理有关手续，取得营业执照。用人单位的有毒作业场所，除应当符合职业病防治法规定的职业卫生要求外，还必须符合下列要求：

（1）有毒作业场所与生活场所分开，作业场所不得住人。

（2）有毒作业场所与其他作业场所隔离。

（3）设置有效的通风装置；可能突然泄漏大量有毒物品或者易造成急性中毒的作业场所，应设置自动报警装置和通风设施。

（4）有毒作业场所设置应急撤离通道和必要的泄险区。

用人单位及其作业场所符合前两款规定的，由卫生行政部门发给职业卫生安全许可证，方可从事有毒作业。

2. 必须设置警示标识和警示说明 从事有毒作业的场所应当设置黄色区域警示线、警示标识和中文警示说明。警示说明应当载明产生职业中毒危害的种类、后果、预防，以及急救治措施等内容。有毒作业场所应当设置红色区域警示线、警示标识和中文警示说明，并设置通讯报警设备。

3. 符合国家职业卫生标准者方可施工 新建、扩建、改建的建设项目和技术改造、技术引进项目（以下统称建设项目），可能产生职业中毒危害的，应当依照职业病防治法的规定进行职业中毒危害预评估，并经卫生行政部门审核同意；可能产生职业中毒危害的建设项目，职业中毒危害防护设施应当与主体工程同时设计，同时施工，同时投入生产和使用；建设项目竣工，应当进行职业中毒危害控制效果评估，并经卫生行政部门验收合格。

存在有毒作业的建设项目的职业中毒危害防护设施设计，应当经卫生行政部门进行卫生审查；经审查，符合国家职业卫生标准和卫生要求的，方可施工。

（二）有毒作业场所劳动过程的防护

1. 必须采取有效的职业卫生防护管理措施　用人单位应当依照职业病防治法的有关规定，采取有效的职业卫生防护管理措施，加强劳动过程中的防护与管理。

有毒作业的用人单位，应当配备专职的或者兼职的职业卫生医师和护士；不具备配备专职的或者兼职的职业卫生医师和护士条件的，应当与依法取得资质认证的职业卫生技术服务机构签订合同，由其提供职业卫生服务。

2. 用人单位应当与劳动者订立劳动合同　将工作过程中可能产生的职业中毒危害及其后果、职业中毒危害防护措施和待遇等如实告知劳动者，并在劳动合同中写明，不得隐瞒或者欺骗。

劳动者在已订立劳动合同期间因工作岗位或者工作内容变更，从事劳动合同中未告知的存在职业中毒危害的作业时，用人单位应当依照前款规定，如实告知劳动者，并协商变更原劳动合同有关条款。

用人单位违反前两款规定的,劳动者有权拒绝从事存在职业中毒危害的作业,用人单位不得因此单方面解除或者终止与劳动者所订立的劳动合同。

3. 用人单位上岗前必须进行职业培训 用人单位有关管理人员,应当熟悉有关职业病防治的法律、法规,以及确保劳动者安全进行有毒作业的知识。

用人单位,应当对劳动者进行上岗前的职业卫生培训和在岗期间的定期职业卫生培训,普及有关职业卫生知识,督促劳动者遵守有关法律、法规和操作规程,指导劳动者正确使用职业中毒危害的防护设备和个人使用的职业中毒危害防护用品。

劳动者经培训考核合格,方可上岗作业。

4. 确保防护职业中毒的设施完善 用人单位应当确保职业中毒危害防护设备、应急救援设施、通讯报警装置处于正常适用状态,不得擅自拆除或者停止运行。

用人单位应当对前款所列设施进行经常性的维护、检修,定期检测其性能和效果,确保其处于良好运行状态。

职业中毒危害防护设备、应急救援设施和通讯报警装置处于不正常状态时,用人单位应当立即停止有毒作业;恢复正常状态后,方可重新作业。

用人单位应当为从事有毒作业的劳动者,提供符合国家职业卫生标准的防护用品,并确保劳动者正确使用。

5. 接触高毒物品必须事前采取措施 需要进入存在有毒物品的设备、容器或者狭窄封闭场所作业时,用人单位事先应采取下列措施:

(1)保持作业场所良好的通风状态,确保作业场所职业中毒危害因素(浓度)符合国家职业卫生标准。

(2)为劳动者配备符合国家职业卫生标准的防护用品。

(3)设置现场监护人员和现场救援设备。

未采取前款规定措施或采取的措施不符合要求者,用人单位不得安排劳动者进入有毒的设备、容器或者狭窄封闭场所作业。

有毒作业场所职业中毒危害因素不符合国家职业卫生标准和卫生要求时,用人单位必须立即停止有毒作业,并采取相应的治理措施;经治理,职业中毒危害因素符合国家职业卫生标准和卫生要求,方可重新作业。

6. 应配备防护服、鞋 帽,设置淋浴间和更衣室　需要从事有毒物品作业的用人单位,应当设置淋浴间和更衣室,并设置清洗、存放或者处理从事有毒作业劳动者的工作服、工作鞋帽等物品的专用间。

劳动者结束作业后,其使用的工作服、工作鞋帽等物品必须存放在有毒作业区域内,不得穿戴到非高毒作业区域。

7. 应定期进行岗位轮换 为劳动者提供岗位津贴　用人单位应当按照规定,对从事有毒作业的劳动者,进行岗位轮换。用人单位应当为从事有毒作业的劳动者提供岗位津贴。

(三)进行职业健康监护,确保劳动者健康

1. 进行上岗前职业健康检查　用人单位应当组织从事有毒作业的劳动者,进行上岗前职业健康检查。用人单位不得安排未经上岗前职业健康检查的劳动者,从事有毒的作业,不得安排有职业禁忌的劳动者,从事其所禁忌的作业。

2. 进行定期职业健康检查 用人单位应当对从事有毒作业的劳动者，进行定期职业健康检查。用人单位发现有职业禁忌或者有与所从事职业相关的健康损害的劳动者，应当将其及时调离原工作岗位，并妥善安置。用人单位对需要复查和医学观察的劳动者，应当按照体检机构的要求安排其复查和医学观察。

3. 离岗时进行职业健康检查 用人单位应当对从事有毒作业的劳动者，进行离岗时的职业健康检查；对离岗时未进行职业健康检查的劳动者，不得解除或者终止与其订立的劳动合同。用人单位发生分立、合并、解散、破产等情形的，应当对从事有毒作业的劳动者进行健康检查，并按照国家有关规定妥善安置职业病病人。

4. 急性职业中毒危害者应进行医学观察 用人单位对受到或者可能受到急性职业中毒危害的劳动者，应当及时组织进行健康检查和医学观察。

5. 职业健康检查和医学观察费用 由用人单位承担。

6. 用人单位应当建立职业健康监护档案 职业健康监护档案应当包括下列内容：

(1)劳动者的职业史和职业中毒危害接触史。

(2)相应作业场所职业中毒危害因素监测结果。

(3)职业健康检查结果及处理情况。

(4)劳动者职业病诊疗等健康资料。

(四)劳动者的权利与义务

1. 劳动者有权从危险现场撤离 从事有毒作业的劳动者，在存在威胁生命安全或者身体健康危险的情况下，有权通知用人单位并从有毒现场撤离。

用人单位不得因劳动者依据前款规定行使权利，而取消或者减少劳动者在正常工作时享有的工资、福利待遇。

2. 劳动者享有下列职业卫生保护权利

（1）获得职业卫生教育、培训。

（2）获得职业健康检查、职业病诊疗、康复等职业病防治服务。

（3）了解工作场所产生或者可能产生的职业中毒危害因素、危害后果和应当采取的职业中毒危害防护措施。

（4）要求用人单位，提供符合防治职业病要求的职业中毒危害防护设施和个人使用的职业中毒危害防护用品，改善工作条件。

（5）对违反职业病防治法律、法规，危及生命、健康的行为提出批评、检举和控告。

（6）拒绝违章指挥和强令进行没有职业中毒危害防护措施的作业。

（7）参与用人单位职业卫生工作的民主管理，对职业病防治工作提出意见和建议。用人单位应当保障劳动者行使前款所列权利。禁止因劳动者依法行使正当权利而降低其工资、福利等待遇或者解除、终止与其订立的劳动合同。

3. 劳动者有权在正式上岗前从用人单位获得下列资料

（1）作业场所使用的有毒物品的特性、有害成分、预防措施、教育和培训资料。

（2）有毒物品的标签、标识及有关资料。

（3）有毒物品安全使用说明书。

(4)可能影响安全使用有毒物品的其他有关资料。

4. 劳动者有权查阅、复印其本人职业健康监护档案 劳动者离开用人单位时，有权索取本人健康监护档案复印件；用人单位应当如实、无偿提供，并在所提供的复印件上签章。

5. 劳动者有权按规定享受劳保待遇 用人单位按照国家规定参加工伤保险的，患职业病的劳动者有权按照国家有关工伤保险的规定，享受下列工伤保险待遇：

(1)医疗费：因患职业病进行诊疗所需费用，由工伤保险基金按照规定标准支付。

(2)住院伙食补助费：由用人单位按照当地因公出差伙食标准的一定比例支付。

(3)康复费：由工伤保险基金按照规定标准支付。

(4)残疾用具费：因残疾需要配置辅助器具的，所需费用由工伤保险基金按照普及型辅助器具标准支付。

(5)停工留薪期待遇：原工资、福利待遇不变，由用人单位支付。

(6)生活护理补助费：经评残并确认需要生活护理的，生活护理补助费由工伤保险基金按照规定标准支付。

(7)一次性伤残补助金：经鉴定为十级至一级伤残的，按照伤残等级享受相当于6～24个月的本人工资的一次性伤残补助金，由工伤保险基金支付。

(8)伤残津贴：经鉴定为四级至一级伤残的，按照规定享受相当于本人工资75%～90%的伤残津贴，由工伤保险基金支付。

(9)死亡补助金：因职业中毒死亡的，由工伤保险基金按照不低于 48 个月的统筹地区上年度职工月平均工资的标准一次支付。

(10)丧葬补助金:因职业中毒死亡的,由工伤保险基金按照 6 个月的统筹地区上年度职工月平均工资的标准一次支付。

(11)供养亲属抚恤金:因职业中毒死亡的,对由死者生前提供主要生活来源的亲属,由工伤保险基金支付抚恤金:对其配偶每月按照统筹地区上年度职工月平均工资的 40%发给,对其生前供养的直系亲属,每人每月按照统筹地区上年度职工月平均工资的 30%发给。

(12)国家规定的其他工伤保险待遇。

(摘自《使用有毒物品作业场所劳动保护条例》)

附:保护农民工的政策法律

一、中华人民共和国安全生产法

2002年6月29日第九届全国人民代表大会常务委员会第二十八次会议通过

2002年6月29日中华人民共和国主席令第七十号公布自2002年11月1日起施行

第一章　总则

第一条　为了加强安全生产监督管理,防止和减少生产安全事故,保障人民群众生命和财产安全,促进经济发展,制定本法。

第二条　在中华人民共和国领域内从事生产经营活动的单位(以下统称生产经营单位)的安全生产,适用本法;有关法律、行政法规对消防安全和道路交通安全、铁路交通安全、水上交通安全、民用航空安全另有规定的,适用其规定。

第三条　安全生产管理,坚持安全第一、预防为主的方针。

第四条　生产经营单位必须遵守本法和其他有关安全生产的法律、法规,加强安全生产管理,建立、健全安全生产责任制度,完善安全生产条件,确保安全生产。

第五条　生产经营单位的主要负责人对本单位的安全

生产工作全面负责。

第六条　生产经营单位的从业人员有依法获得安全生产保障的权利，并应当依法履行安全生产方面的义务。

第七条　工会依法组织职工参加本单位安全生产工作的民主管理和民主监督，维护职工在安全生产方面的合法权益。

第八条　国务院和地方各级人民政府应当加强对安全生产工作的领导，支持、督促各有关部门依法履行安全生产监督管理职责。

县级以上人民政府对安全生产监督管理中存在的重大问题应当及时予以协调、解决。

第九条　国务院负责安全生产监督管理的部门依照本法，对全国安全生产工作实施综合监督管理；县级以上地方各级人民政府负责安全生产监督管理的部门依照本法，对本行政区域内安全生产工作实施综合监督管理。

国务院有关部门依照本法和其他有关法律、行政法规的规定，在各自的职责范围内对有关的安全生产工作实施监督管理；县级以上地方各级人民政府有关部门依照本法和其他有关法律、法规的规定，在各自的职责范围内对有关的安全生产工作实施监督管理。

第十条　国务院有关部门应当按照保障安全生产的要求，依法及时制定有关的国家标准或者行业标准，并根据科技进步和经济发展适时修订。

生产经营单位必须执行依法制定的保障安全生产的国家标准或者行业标准。

第十一条　各级人民政府及其有关部门应当采取多种

形式，加强对有关安全生产的法律、法规和安全生产知识的宣传，提高职工的安全生产意识。

第十二条　依法设立的为安全生产提供技术服务的中介机构，依照法律、行政法规和执业准则，接受生产经营单位的委托为其安全生产工作提供技术服务。

第十三条　国家实行生产安全事故责任追究制度，依照本法和有关法律、法规的规定，追究生产安全事故责任人员的法律责任。

第十四条　国家鼓励和支持安全生产科学技术研究和安全生产先进技术的推广应用，提高安全生产水平。

第十五条　国家对在改善安全生产条件、防止生产安全事故、参加抢险救护等方面取得显著成绩的单位和个人，给予奖励。

第二章　生产经营单位的安全生产保障

第十六条　生产经营单位应当具备本法和有关法律、行政法规和国家标准或者行业标准规定的安全生产条件；不具备安全生产条件的，不得从事生产经营活动。

第十七条　生产经营单位的主要负责人对本单位安全生产工作负有下列职责：

（一）建立、健全本单位安全生产责任制；

（二）组织制定本单位安全生产规章制度和操作规程；

（三）保证本单位安全生产投入的有效实施；

（四）督促、检查本单位的安全生产工作，及时消除生产安全事故隐患；

（五）组织制定并实施本单位的生产安全事故应急救援

预案;

(六)及时、如实报告生产安全事故。

第十八条　生产经营单位应当具备的安全生产条件所必需的资金投入,由生产经营单位的决策机构、主要负责人或者个人经营的投资人予以保证,并对由于安全生产所必需的资金投入不足导致的后果承担责任。

第十九条　矿山、建筑施工单位和危险物品的生产、经营、储存单位,应当设置安全生产管理机构或者配备专职安全生产管理人员。

前款规定以外的其他生产经营单位,从业人员超过三百人的,应当设置安全生产管理机构或者配备专职安全生产管理人员;从业人员在三百人以下的,应当配备专职或者兼职的安全生产管理人员,或者委托具有国家规定的相关专业技术资格的工程技术人员提供安全生产管理服务。

生产经营单位依照前款规定委托工程技术人员提供安全生产管理服务的,保证安全生产的责任仍由本单位负责。

第二十条　生产经营单位的主要负责人和安全生产管理人员必须具备与本单位所从事的生产经营活动相应的安全生产知识和管理能力。

危险物品的生产、经营、储存单位以及矿山、建筑施工单位的主要负责人和安全生产管理人员,应当由有关主管部门对其安全生产知识和管理能力考核合格后方可任职。考核不得收费。

第二十一条　生产经营单位应当对从业人员进行安全生产教育和培训,保证从业人员具备必要的安全生产知识,熟悉有关的安全生产规章制度和安全操作规程,掌握本岗位的安全操作技能。未经安全生产教育和培训合格的从业人员，不得上岗作业。

第二十二条　生产经营单位采用新工艺、新技术、新材料或者使用新设备，必须了解、掌握其安全技术特性，采取有效的安全防护措施，并对从业人员进行专门的安全生产教育和培训。

第二十三条　生产经营单位的特种作业人员必须按照国家有关规定经专门的安全作业培训，取得特种作业操作资格证书，方可上岗作业。

特种作业人员的范围由国务院负责安全生产监督管理的部门会同国务院有关部门确定。

第二十四条　生产经营单位新建、改建、扩建工程项目（以下统称建设项目）的安全设施，必须与主体工程同时设计、同时施工、同时投入生产和使用。安全设施投资应当纳入建设项目概算。

第二十五条　矿山建设项目和用于生产、储存危险物品的建设项目，应当分别按照国家有关规定进行安全条件论证和安全评价。

第二十六条　建设项目安全设施的设计人、设计单位应当对安全设施设计负责。

矿山建设项目和用于生产、储存危险物品的建设项目的安全设施设计应当按照国家有关规定报经有关部门审查，审查部门及其负责审查的人员对审查结果负责。

第二十七条　矿山建设项目和用于生产、储存危险物品的建设项目的施工单位必须按照批准的安全设施设计施工，并对安全设施的工程质量负责。

矿山建设项目和用于生产、储存危险物品的建设项目竣工投入生产或者使用前,必须依照有关法律、行政法规的规定对安全设施进行验收;验收合格后,方可投入生产和使用。验收部门及其验收人员对验收结果负责。

第二十八条　生产经营单位应当在有较大危险因素的生产经营场所和有关设施、设备上,设置明显的安全警示标志。

第二十九条　安全设备的设计、制造、安装、使用、检测、维修、改造和报废,应当符合国家标准或者行业标准。

生产经营单位必须对安全设备进行经常性维护、保养,并定期检测,保证正常运转。维护、保养、检测应当做好记录,并由有关人员签字。

第三十条　生产经营单位使用的涉及生命安全、危险性较大的特种设备,以及危险物品的容器、运输工具,必须按照国家有关规定,由专业生产单位生产,并经取得专业资质的检测、检验机构检测、检验合格,取得安全使用证或者安全标志,方可投入使用。检测、检验机构对检测、检验结果负责。

涉及生命安全、危险性较大的特种设备的目录由国务院负责特种设备安全监督管理的部门制定,报国务院批准后执行。

第三十一条　国家对严重危及生产安全的工艺、设备实行淘汰制度。

生产经营单位不得使用国家明令淘汰、禁止使用的危及生产安全的工艺、设备。

第三十二条　生产、经营、运输、储存、使用危险物品或者处置废弃危险物品的,由有关主管部门依照有关法律、法规的规定和国家标准或者行业标准审批并实施监督管理。

生产经营单位生产、经营、运输、储存、使用危险物品或者处置废弃危险物品，必须执行有关法律、法规和国家标准或者行业标准，建立专门的安全管理制度，采取可靠的安全措施，接受有关主管部门依法实施的监督管理。

第三十三条　生产经营单位对重大危险源应当登记建档，进行定期检测、评估、监控，并制定应急预案，告知从业人员和相关人员在紧急情况下应当采取的应急措施。

生产经营单位应当按照国家有关规定将本单位重大危险源及有关安全措施、应急措施报有关地方人民政府负责安全生产监督管理的部门和有关部门备案。

第三十四条　生产、经营、储存、使用危险物品的车间、商店、仓库不得与员工宿舍在同一座建筑物内，并应当与员工宿舍保持安全距离。

生产经营场所和员工宿舍应当设有符合紧急疏散要求、标志明显、保持畅通的出口。禁止封闭、堵塞生产经营场所或者员工宿舍的出口。

第三十五条　生产经营单位进行爆破、吊装等危险作业，应当安排专门人员进行现场安全管理，确保操作规程的遵守和安全措施的落实。

第三十六条　生产经营单位应当教育和督促从业人员严格执行本单位的安全生产规章制度和安全操作规程；并向从业人员如实告知作业场所和工作岗位存在的危险因素、防范措施以及事故应急措施。

第三十七条　生产经营单位必须为从业人员提供符合国家标准或者行业标准的劳动防护用品，并监督、教育从业

人员按照使用规则佩戴、使用。

第三十八条　生产经营单位的安全生产管理人员应当根据本单位的生产经营特点,对安全生产状况进行经常性检查;对检查中发现的安全问题,应当立即处理;不能处理的,应当及时报告本单位有关负责人。检查及处理情况应当记录在案。

第三十九条　生产经营单位应当安排用于配备劳动防护用品、进行安全生产培训的经费。

第四十条　两个以上生产经营单位在同一作业区域内进行生产经营活动,可能危及对方生产安全的,应当签订安全生产管理协议,明确各自的安全生产管理职责和应当采取的安全措施,并指定专职安全生产管理人员进行安全检查与协调。

第四十一条　生产经营单位不得将生产经营项目、场所、设备发包或者出租给不具备安全生产条件或者相应资质的单位或者个人。

生产经营项目、场所有多个承包单位、承租单位的,生产经营单位应当与承包单位、承租单位签订专门的安全生产管理协议,或者在承包合同、租赁合同中约定各自的安全生产管理职责;生产经营单位对承包单位、承租单位的安全生产工作统一协调、管理。

第四十二条　生产经营单位发生重大生产安全事故时,单位的主要负责人应当立即组织抢救,并不得在事故调查处理期间擅离职守。

第四十三条　生产经营单位必须依法参加工伤社会保险,为从业人员缴纳保险费。

第三章　从业人员的权利和义务

第四十四条　生产经营单位与从业人员订立的劳动合同，应当载明有关保障从业人员劳动安全、防止职业危害的事项，以及依法为从业人员办理工伤社会保险的事项。

生产经营单位不得以任何形式与从业人员订立协议，免除或者减轻其对从业人员因生产安全事故伤亡依法应承担的责任。

第四十五条　生产经营单位的从业人员有权了解其作业场所和工作岗位存在的危险因素、防范措施及事故应急措施，有权对本单位的安全生产工作提出建议。

第四十六条　从业人员有权对本单位安全生产工作中存在的问题提出批评、检举、控告；有权拒绝违章指挥和强令冒险作业。

生产经营单位不得因从业人员对本单位安全生产工作提出批评、检举、控告或者拒绝违章指挥、强令冒险作业而降低其工资、福利等待遇或者解除与其订立的劳动合同。

第四十七条　从业人员发现直接危及人身安全的紧急情况时，有权停止作业或者在采取可能的应急措施后撤离作业场所。

生产经营单位不得因从业人员在前款紧急情况下停止作业或者采取紧急撤离措施而降低其工资、福利等待遇或者解除与其订立的劳动合同。

第四十八条　因生产安全事故受到损害的从业人员，除依法享有工伤社会保险外，依照有关民事法律尚有获得赔偿的权利的，有权向本单位提出赔偿要求。

第四十九条　从业人员在作业过程中,应当严格遵守本单位的安全生产规章制度和操作规程,服从管理,正确佩戴和使用劳动防护用品。

第五十条　从业人员应当接受安全生产教育和培训,掌握本职工作所需的安全生产知识,提高安全生产技能,增强事故预防和应急处理能力。

第五十一条　从业人员发现事故隐患或者其他不安全因素,应当立即向现场安全生产管理人员或者本单位负责人报告;接到报告的人员应当及时予以处理。

第五十二条　工会有权对建设项目的安全设施与主体工程同时设计、同时施工、同时投入生产和使用进行监督,提出意见。

工会对生产经营单位违反安全生产法律、法规,侵犯从业人员合法权益的行为,有权要求纠正;发现生产经营单位违章指挥、强令冒险作业或者发现事故隐患时,有权提出解决的建议,生产经营单位应当及时研究答复;发现危及从业人员生命安全的情况时,有权向生产经营单位建议组织从业人员撤离危险场所,生产经营单位必须立即作出处理。

工会有权依法参加事故调查,向有关部门提出处理意见,并要求追究有关人员的责任。

第四章　安全生产的监督管理

第五十三条　县级以上地方各级人民政府应当根据本行政区域内的安全生产状况,组织有关部门按照职责分工,对本行政区域内容易发生重大生产安全事故的生产经营单位进行严格检查;发现事故隐患,应当及时处理。

第五十四条　依照本法第九条规定对安全生产负有监督管理职责的部门(以下统称负有安全生产监督管理职责的部门)依照有关法律、法规的规定,对涉及安全生产的事项需要审查批准(包括批准、核准、许可、注册、认证、颁发证照等,下同)或者验收的,必须严格依照有关法律、法规和国家标准或者行业标准规定的安全生产条件和程序进行审查;不符合有关法律、法规和国家标准或者行业标准规定的安全生产条件的,不得批准或者验收通过。对未依法取得批准或者验收合格的单位擅自从事有关活动的,负责行政审批的部门发现或者接到举报后应当立即予以取缔,并依法予以处理。对已经依法取得批准的单位,负责行政审批的部门发现其不再具备安全生产条件的,应当撤销原批准。

第五十五条　负有安全生产监督管理职责的部门对涉及安全生产的事项进行审查、验收,不得收取费用;不得要求接受审查、验收的单位购买其指定品牌或者指定生产、销售单位的安全设备、器材或者其他产品。

第五十六条　负有安全生产监督管理职责的部门依法对生产经营单位执行有关安全生产的法律、法规和国家标准或者行业标准的情况进行监督检查,行使以下职权:

(一)进入生产经营单位进行检查,调阅有关资料,向有关单位和人员了解情况。

(二)对检查中发现的安全生产违法行为,当场予以纠正或者要求限期改正;对依法应当给予行政处罚的行为,依照本法和其他有关法律、行政法规的规定作出行政处罚决定。

(三)对检查中发现的事故隐患,应当责令立即排除;重大事故隐患排除前或者排除过程中无法保证安全的,应当责令从危险区域内撤出作业人员,责令暂时停产停业或者停止使用;重大事故隐患排除后,经审查同意,方可恢复生产经营和使用。

(四)对有根据认为不符合保障安全生产的国家标准或者行业标准的设施、设备、器材予以查封或者扣押,并应当在十五日内依法作出处理决定。

监督检查不得影响被检查单位的正常生产经营活动。

第五十七条　生产经营单位对负有安全生产监督管理职责的部门的监督检查人员(以下统称安全生产监督检查人员)依法履行监督检查职责,应当予以配合,不得拒绝、阻挠。

第五十八条　安全生产监督检查人员应当忠于职守,坚持原则,秉公执法。

安全生产监督检查人员执行监督检查任务时,必须出示有效的监督执法证件;对涉及被检查单位的技术秘密和业务秘密,应当为其保密。

第五十九条　安全生产监督检查人员应当将检查的时间、地点、内容、发现的问题及其处理情况,作出书面记录,并由检查人员和被检查单位的负责人签字;被检查单位的负责人拒绝签字的,检查人员应当将情况记录在案,并向负有安全生产监督管理职责的部门报告。

第六十条　负有安全生产监督管理职责的部门在监督检查中,应当互相配合,实行联合检查;确需分别进行检查的,应当互通情况,发现存在的安全问题应当由其他有关部门进行处理的,应当及时移送其他有关部门并形成记录备查,接受移送的部门应当及时进行处理。

第六十一条　监察机关依照行政监察法的规定,对负有安全生产监督管理职责的部门及其工作人员履行安全生产监督管理职责实施监察。

第六十二条　承担安全评价、认证、检测、检验的机构应当具备国家规定的资质条件,并对其作出的安全评价、认证、检测、检验的结果负责。

第六十三条　负有安全生产监督管理职责的部门应当建立举报制度,公开举报电话、信箱或者电子邮件地址,受理有关安全生产的举报;受理的举报事项经调查核实后,应当形成书面材料;需要落实整改措施的,报经有关负责人签字并督促落实。

第六十四条　任何单位或者个人对事故隐患或者安全生产违法行为,均有权向负有安全生产监督管理职责的部门报告或者举报。

第六十五条　居民委员会、村民委员会发现其所在区域内的生产经营单位存在事故隐患或者安全生产违法行为时,应当向当地人民政府或者有关部门报告。

第六十六条　县级以上各级人民政府及其有关部门对报告重大事故隐患或者举报安全生产违法行为的有功人员,给予奖励。具体奖励办法由国务院负责安全生产监督管理的部门会同国务院财政部门制定。

第六十七条　新闻、出版、广播、电影、电视等单位有进行安全生产宣传教育的义务,有对违反安全生产法律、法规的行为进行舆论监督的权利。

第五章　生产安全事故的应急救援与调查处理

第六十八条　县级以上地方各级人民政府应当组织有

关部门制定本行政区域内特大生产安全事故应急救援预案,建立应急救援体系。

第六十九条　危险物品的生产、经营、储存单位以及矿山、建筑施工单位应当建立应急救援组织;生产经营规模较小,可以不建立应急救援组织的,应当指定兼职的应急救援人员。危险物品的生产、经营、储存单位以及矿山、建筑施工单位应当配备必要的应急救援器材、设备,并进行经常性维护、保养,保证正常运转。

第七十条　生产经营单位发生生产安全事故后,事故现场有关人员应当立即报告本单位负责人。

单位负责人接到事故报告后,应当迅速采取有效措施,组织抢救,防止事故扩大,减少人员伤亡和财产损失,并按照国家有关规定立即如实报告当地负有安全生产监督管理职责的部门,不得隐瞒不报、谎报或者拖延不报,不得故意破坏事故现场、毁灭有关证据。

第七十一条　负有安全生产监督管理职责的部门接到事故报告后,应当立即按照国家有关规定上报事故情况。负有安全生产监督管理职责的部门和有关地方人民政府对事故情况不得隐瞒不报、谎报或者拖延不报。

第七十二条　有关地方人民政府和负有安全生产监督管理职责的部门的负责人接到重大生产安全事故报告后,应当立即赶到事故现场,组织事故抢救。

任何单位和个人都应当支持、配合事故抢救,并提供一切便利条件。

第七十三条　事故调查处理应当按照实事求是、尊重科学的原则,及时、准确地查清事故原因,查明事故性质和责任，总结事故教训，提出整改措施，并对事故责任者提出处理意见。事故调查和处理的具体办法由国务院制定。

第七十四条　生产经营单位发生生产安全事故，经调查确定为责任事故的，除了应当查明事故单位的责任并依法予以追究外，还应当查明对安全生产的有关事项负有审查批准和监督职责的行政部门的责任，对有失职、渎职行为的，依照本法第七十七条的规定追究法律责任。

第七十五条　任何单位和个人不得阻挠和干涉对事故的依法调查处理。

第七十六条　县级以上地方各级人民政府负责安全生产监督管理的部门应当定期统计分析本行政区域内发生生产安全事故的情况，并定期向社会公布。

第六章　法律责任

第七十七条　负有安全生产监督管理职责的部门的工作人员，有下列行为之一的，给予降级或者撤职的行政处分；构成犯罪的，依照刑法有关规定追究刑事责任：

（一）对不符合法定安全生产条件的涉及安全生产的事项予以批准或者验收通过的；

（二）发现未依法取得批准、验收的单位擅自从事有关活动或者接到举报后不予取缔或者不依法予以处理的；

（三）对已经依法取得批准的单位不履行监督管理职责，发现其不再具备安全生产条件而不撤销原批准或者发现安全生产违法行为不予查处的。

第七十八条　负有安全生产监督管理职责的部门，要求被审查、验收的单位购买其指定的安全设备、器材或者其他

产品的，在对安全生产事项的审查、验收中收取费用的，由其上级机关或者监察机关责令改正，责令退还收取的费用；情节严重的，对直接负责的主管人员和其他直接责任人员依法给予行政处分。

第七十九条　承担安全评价、认证、检测、检验工作的机构，出具虚假证明，构成犯罪的，依照刑法有关规定追究刑事责任；尚不够刑事处罚的，没收违法所得，违法所得在五千元以上的，并处违法所得二倍以上五倍以下的罚款，没有违法所得或者违法所得不足五千元的，单处或者并处五千元以上二万元以下的罚款，对其直接负责的主管人员和其他直接责任人员处五千元以上五万元以下的罚款；给他人造成损害的，与生产经营单位承担连带赔偿责任。

对有前款违法行为的机构，撤销其相应资格。

第八十条　生产经营单位的决策机构、主要负责人、个人经营的投资人不依照本法规定保证安全生产所必需的资金投入，致使生产经营单位不具备安全生产条件的，责令限期改正，提供必需的资金；逾期未改正的，责令生产经营单位停产停业整顿。

有前款违法行为，导致发生生产安全事故，构成犯罪的，依照刑法有关规定追究刑事责任；尚不够刑事处罚的，对生产经营单位的主要负责人给予撤职处分，对个人经营的投资人处二万元以上二十万元以下的罚款。

第八十一条　生产经营单位的主要负责人未履行本法规定的安全生产管理职责的，责令限期改正；逾期未改正的，责令生产经营单位停产停业整顿。

生产经营单位的主要负责人有前款违法行为，导致发生生产安全事故，构成犯罪的，依照刑法有关规定追究刑事责任；尚不够刑事处罚的，给予撤职处分或者处二万元以上二十万元以下的罚款。

生产经营单位的主要负责人依照前款规定受刑事处罚或者撤职处分的，自刑罚执行完毕或者受处分之日起，五年内不得担任任何生产经营单位的主要负责人。

第八十二条　生产经营单位有下列行为之一的，责令限期改正；逾期未改正的，责令停产停业整顿，可以并处二万元以下的罚款：

（一）未按照规定设立安全生产管理机构或者配备安全生产管理人员的；

（二）危险物品的生产、经营、储存单位以及矿山、建筑施工单位的主要负责人和安全生产管理人员未按照规定经考核合格的；

（三）未按照本法第二十一条、第二十二条的规定对从业人员进行安全生产教育和培训，或者未按照本法第三十六条的规定如实告知从业人员有关的安全生产事项的；

（四）特种作业人员未按照规定经专门的安全作业培训并取得特种作业操作资格证书，上岗作业的。

第八十三条　生产经营单位有下列行为之一的，责令限期改正；逾期未改正的，责令停止建设或者停产停业整顿，可以并处五万元以下的罚款；造成严重后果，构成犯罪的，依照刑法有关规定追究刑事责任：

（一）矿山建设项目或者用于生产、储存危险物品的建设项目没有安全设施设计或者安全设施设计未按照规定报经有关部门审查同意的；

(二)矿山建设项目或者用于生产、储存危险物品的建设项目的施工单位未按照批准的安全设施设计施工的;

(三)矿山建设项目或者用于生产、储存危险物品的建设项目竣工投入生产或者使用前,安全设施未经验收合格的;

(四)未在有较大危险因素的生产经营场所和有关设施、设备上设置明显的安全警示标志的;

(五)安全设备的安装、使用、检测、改造和报废不符合国家标准或者行业标准的;

(六)未对安全设备进行经常性维护、保养和定期检测的;

(七)未为从业人员提供符合国家标准或者行业标准的劳动防护用品的;

(八)特种设备以及危险物品的容器、运输工具未经取得专业资质的机构检测、检验合格,取得安全使用证或者安全标志,投入使用的;

(九)使用国家明令淘汰、禁止使用的危及生产安全的工艺、设备的。

第八十四条　未经依法批准,擅自生产、经营、储存危险物品的,责令停止违法行为或者予以关闭,没收违法所得,违法所得十万元以上的,并处违法所得一倍以上五倍以下的罚款,没有违法所得或者违法所得不足十万元的,单处或者并处二万元以上十万元以下的罚款;造成严重后果,构成犯罪的,依照刑法有关规定追究刑事责任。

第八十五条　生产经营单位有下列行为之一的,责令限期改正;逾期未改正的,责令停产停业整顿,可以并处二万元以上十万元以下的罚款;造成严重后果,构成犯罪的,依照刑法有关规定追究刑事责任：

（一）生产、经营、储存、使用危险物品，未建立专门安全管理制度、未采取可靠的安全措施或者不接受有关主管部门依法实施的监督管理的；

（二）对重大危险源未登记建档，或者未进行评估、监控，或者未制定应急预案的；

（三）进行爆破、吊装等危险作业，未安排专门管理人员进行现场安全管理的。

第八十六条　生产经营单位将生产经营项目、场所、设备发包或者出租给不具备安全生产条件或者相应资质的单位或者个人的，责令限期改正，没收违法所得；违法所得五万元以上的，并处违法所得一倍以上五倍以下的罚款；没有违法所得或者违法所得不足五万元的，单处或者并处一万元以上五万元以下的罚款；导致发生生产安全事故给他人造成损害的，与承包方、承租方承担连带赔偿责任。

生产经营单位未与承包单位、承租单位签订专门的安全生产管理协议或者未在承包合同、租赁合同中明确各自的安全生产管理职责，或者未对承包单位、承租单位的安全生产统一协调、管理的，责令限期改正；逾期未改正的，责令停产停业整顿。

第八十七条　两个以上生产经营单位在同一作业区域内进行可能危及对方安全生产的生产经营活动，未签订安全生产管理协议或者未指定专职安全生产管理人员进行安全检查与协调的，责令限期改正；逾期未改正的，责令停产停业。

第八十八条　生产经营单位有下列行为之一的，责令限期改正；逾期未改正的，责令停产停业整顿；造成严重后果，构成犯罪的，依照刑法有关规定追究刑事责任：

（一）生产、经营、储存、使用危险物品的车间、商店、仓库与员工宿舍在同一座建筑内，或者与员工宿舍的距离不符合安全要求的；

（二）生产经营场所和员工宿舍未设有符合紧急疏散需要、标志明显、保持畅通的出口，或者封闭、堵塞生产经营场所或者员工宿舍出口的。

第八十九条　生产经营单位与从业人员订立协议，免除或者减轻其对从业人员因生产安全事故伤亡依法应承担的责任的，该协议无效；对生产经营单位的主要负责人、个人经营的投资人处二万元以上十万元以下的罚款。

第九十条　生产经营单位的从业人员不服从管理，违反安全生产规章制度或者操作规程的，由生产经营单位给予批评教育，依照有关规章制度给予处分；造成重大事故，构成犯罪的，依照刑法有关规定追究刑事责任。

第九十一条　生产经营单位主要负责人在本单位发生重大生产安全事故时，不立即组织抢救或者在事故调查处理期间擅离职守或者逃匿的，给予降职、撤职的处分，对逃匿的处十五日以下拘留；构成犯罪的，依照刑法有关规定追究刑事责任。

生产经营单位主要负责人对生产安全事故隐瞒不报、谎报或者拖延不报的，依照前款规定处罚。

第九十二条　有关地方人民政府、负有安全生产监督管理职责的部门，对生产安全事故隐瞒不报、谎报或者拖延不报的，对直接负责的主管人员和其他直接责任人员依法给予行政处分；构成犯罪的，依照刑法有关规定追究刑事责任。

第九十三条　生产经营单位不具备本法和其他有关法律、行政法规和国家标准或者行业标准规定的安全生产条件，经停产停业整顿仍不具备安全生产条件的，予以关闭；有关部门应当依法吊销其有关证照。

第九十四条　本法规定的行政处罚，由负责安全生产监督管理的部门决定；予以关闭的行政处罚由负责安全生产监督管理的部门报请县级以上人民政府按照国务院规定的权限决定；给予拘留的行政处罚由公安机关依照治安管理处罚条例的规定决定。有关法律、行政法规对行政处罚的决定机关另有规定的，依照其规定。

第九十五条　生产经营单位发生生产安全事故造成人员伤亡、他人财产损失的，应当依法承担赔偿责任；拒不承担或者其负责人逃匿的，由人民法院依法强制执行。

生产安全事故的责任人未依法承担赔偿责任，经人民法院依法采取执行措施后，仍不能对受害人给予足额赔偿的，应当继续履行赔偿义务；受害人发现责任人有其他财产的，可以随时请求人民法院执行。

第七章　附　则

第九十六条　本法下列用语的含义：

危险物品，是指易燃易爆物品、危险化学品、放射性物品等能够危及人身安全和财产安全的物品。

重大危险源，是指长期地或者临时地生产、搬运、使用或者储存危险物品，且危险物品的数量等于或者超过临界量的单元（包括场所和设施）。

第九十七条　本法自 2002 年 11 月 1 日起施行。

二、建设工程安全生产管理条例

中华人民共和国国务院令 第 393 号

《建设工程安全生产管理条例》已经 2003 年 11 月 12 日国务院第 28 次常务会议通过,现予公布,自 2004 年 2 月 1 日起施行。总理 温家宝 二〇〇三年十一月二十四日

第一章 总则

第一条　为了加强建设工程安全生产监督管理,保障人民群众生命和财产安全,根据《中华人民共和国建筑法》、《中华人民共和国安全生产法》,制定本条例。

第二条　在中华人民共和国境内从事建设工程的新建、扩建、改建和拆除等有关活动及实施对建设工程安全生产的监督管理,必须遵守本条例。

本条例所称建设工程,是指土木工程、建筑工程、线路管道和设备安装工程及装修工程。

第三条　建设工程安全生产管理,坚持安全第一、预防为主的方针。

第四条　建设单位、勘察单位、设计单位、施工单位、工程监理单位及其他与建设工程安全生产有关的单位,必须遵守安全生产法律、法规的规定,保证建设工程安全生产,依法承担建设工程安全生产责任。

第五条　国家鼓励建设工程安全生产的科学技术研究和先进技术的推广应用,推进建设工程安全生产的科学管

理。

第二章 建设单位的安全责任

第六条 建设单位应当向施工单位提供施工现场及毗邻区域内供水、排水、供电、供气、供热、通信、广播电视等地下管线资料，气象和水文观测资料，相邻建筑物和构筑物、地下工程的有关资料，并保证资料的真实、准确、完整。

建设单位因建设工程需要，向有关部门或者单位查询前款规定的资料时，有关部门或者单位应当及时提供。

第七条 建设单位不得对勘察、设计、施工、工程监理等单位提出不符合建设工程安全生产法律、法规和强制性标准规定的要求，不得压缩合同约定的工期。

第八条 建设单位在编制工程概算时，应当确定建设工程安全作业环境及安全施工措施所需费用。

第九条 建设单位不得明示或者暗示施工单位购买、租赁、使用不符合安全施工要求的安全防护用具、机械设备、施工机具及配件、消防设施和器材。

第十条 建设单位在申请领取施工许可证时，应当提供建设工程有关安全施工措施的资料。

依法批准开工报告的建设工程，建设单位应当自开工报告批准之日起 15 日内，将保证安全施工的措施报送建设工程所在地的县级以上地方人民政府建设行政主管部门或者其他有关部门备案。

第十一条 建设单位应当将拆除工程发包给具有相应资质等级的施工单位。

建设单位应当在拆除工程施工 15 日前，将下列资料报

送建设工程所在地的县级以上地方人民政府建设行政主管部门或者其他有关部门备案:

(一)施工单位资质等级证明;

(二)拟拆除建筑物、构筑物及可能危及毗邻建筑的说明;

(三)拆除施工组织方案;

(四)堆放、清除废弃物的措施。

实施爆破作业的,应当遵守国家有关民用爆炸物品管理的规定。

第三章　勘察、设计、工程监理及其他有关单位的安全责任

第十二条　勘察单位应当按照法律、法规和工程建设强制性标准进行勘察,提供的勘察文件应当真实、准确,满足建设工程安全生产的需要。

勘察单位在勘察作业时,应当严格执行操作规程,采取措施保证各类管线、设施和周边建筑物、构筑物的安全。

第十三条　设计单位应当按照法律、法规和工程建设强制性标准进行设计,防止因设计不合理导致生产安全事故的发生。

设计单位应当考虑施工安全操作和防护的需要,对涉及施工安全的重点部位和环节在设计文件中注明,并对防范生产安全事故提出指导意见。

采用新结构、新材料、新工艺的建设工程和特殊结构的建设工程,设计单位应当在设计中提出保障施工作业人员安全和预防生产安全事故的措施建议。

设计单位和注册建筑师等注册执业人员应当对其设计负责。

第十四条　工程监理单位应当审查施工组织设计中的安全技术措施或者专项施工方案是否符合工程建设强制性标准。

工程监理单位在实施监理过程中，发现存在安全事故隐患的，应当要求施工单位整改；情况严重的，应当要求施工单位暂时停止施工，并及时报告建设单位。施工单位拒不整改或者不停止施工的，工程监理单位应当及时向有关主管部门报告。

工程监理单位和监理工程师应当按照法律、法规和工程建设强制性标准实施监理，并对建设工程安全生产承担监理责任。

第十五条　为建设工程提供机械设备和配件的单位，应当按照安全施工的要求配备齐全有效的保险、限位等安全设施和装置。

第十六条　出租的机械设备和施工机具及配件，应当具有生产（制造）许可证、产品合格证。

出租单位应当对出租的机械设备和施工机具及配件的安全性能进行检测，在签订租赁协议时，应当出具检测合格证明。

禁止出租检测不合格的机械设备和施工机具及配件。

第十七条　在施工现场安装、拆卸施工起重机械和整体提升脚手架、模板等自升式架设设施，必须由具有相应资质的单位承担。

安装、拆卸施工起重机械和整体提升脚手架、模板等自升式架设设施,应当编制拆装方案、制定安全施工措施,并由专业技术人员现场监督。

施工起重机械和整体提升脚手架、模板等自升式架设设施安装完毕后,安装单位应当自检,出具自检合格证明,并向施工单位进行安全使用说明,办理验收手续并签字。

第十八条　施工起重机械和整体提升脚手架、模板等自升式架设设施的使用达到国家规定的检验检测期限的,必须经具有专业资质的检验检测机构检测。经检测不合格的,不得继续使用。

第十九条　检验检测机构对检测合格的施工起重机械和整体提升脚手架、模板等自升式架设设施,应当出具安全合格证明文件,并对检测结果负责。

第四章　施工单位的安全责任

第二十条　施工单位从事建设工程的新建、扩建、改建和拆除等活动,应当具备国家规定的注册资本、专业技术人员、技术装备和安全生产等条件,依法取得相应等级的资质证书,并在其资质等级许可的范围内承揽工程。

第二十一条　施工单位主要负责人依法对本单位的安全生产工作全面负责。施工单位应当建立健全安全生产责任制度和安全生产教育培训制度,制定安全生产规章制度和操作规程,保证本单位安全生产条件所需资金的投入,对所承担的建设工程进行定期和专项安全检查,并做好安全检查记录。

施工单位的项目负责人应当由取得相应执业资格的人员担任,对建设工程项目的安全施工负责,落实安全生产责任制度、安全生产规章制度和操作规程，确保安全生产费用的有效使用，并根据工程的特点组织制定安全施工措施，消除安全事故隐患，及时、如实报告生产安全事故。

第二十二条　施工单位对列入建设工程概算的安全作业环境及安全施工措施所需费用，应当用于施工安全防护用具及设施的采购和更新、安全施工措施的落实、安全生产条件的改善，不得挪作他用。

第二十三条　施工单位应当设立安全生产管理机构，配备专职安全生产管理人员。

专职安全生产管理人员负责对安全生产进行现场监督检查。发现安全事故隐患，应当及时向项目负责人和安全生产管理机构报告；对违章指挥、违章操作的，应当立即制止。

专职安全生产管理人员的配备办法由国务院建设行政主管部门会同国务院其他有关部门制定。

第二十四条　建设工程实行施工总承包的，由总承包单位对施工现场的安全生产负总责。

总承包单位应当自行完成建设工程主体结构的施工。

总承包单位依法将建设工程分包给其他单位的，分包合同中应当明确各自的安全生产方面的权利、义务。总承包单位和分包单位对分包工程的安全生产承担连带责任。

分包单位应当服从总承包单位的安全生产管理，分包单位不服从管理导致生产安全事故的，由分包单位承担主要责任。

第二十五条　垂直运输机械作业人员、安装拆卸工、爆破作业人员、起重信号工、登高架设作业人员等特种作业人员，必须按照国家有关规定经过专门的安全作业培训，并取得特种作业操作资格证书后,方可上岗作业。

第二十六条　施工单位应当在施工组织设计中编制安全技术措施和施工现场临时用电方案,对下列达到一定规模的危险性较大的分部分项工程编制专项施工方案,并附具安全验算结果,经施工单位技术负责人、总监理工程师签字后实施,由专职安全生产管理人员进行现场监督:

(一)基坑支护与降水工程;

(二)土方开挖工程;

(三)模板工程;

(四)起重吊装工程;

(五)脚手架工程;

(六)拆除、爆破工程;

(七)国务院建设行政主管部门或者其他有关部门规定的其他危险性较大的工程。

对前款所列工程中涉及深基坑、地下暗挖工程、高大模板工程的专项施工方案,施工单位还应当组织专家进行论证、审查。

本条第一款规定的达到一定规模的危险性较大工程的标准,由国务院建设行政主管部门会同国务院其他有关部门制定。

第二十七条　建设工程施工前,施工单位负责项目管理的技术人员应当对有关安全施工的技术要求向施工作业班组、作业人员作出详细说明,并由双方签字确认。

第二十八条　施工单位应当在施工现场入口处、施工起重机械、临时用电设施、脚手架、出入通道口、楼梯口、电梯井口、孔洞口、桥梁口、隧道口、基坑边沿、爆破物及有害危险气体和液体存放处等危险部位，设置明显的安全警示标志。安全警示标志必须符合国家标准。

施工单位应当根据不同施工阶段和周围环境及季节、气候的变化，在施工现场采取相应的安全施工措施。施工现场暂时停止施工的，施工单位应当做好现场防护，所需费用由责任方承担，或者按照合同约定执行。

第二十九条　施工单位应当将施工现场的办公、生活区与作业区分开设置，并保持安全距离；办公、生活区的选址应当符合安全性要求。职工的膳食、饮水、休息场所等应当符合卫生标准。施工单位不得在尚未竣工的建筑物内设置员工集体宿舍。

施工现场临时搭建的建筑物应当符合安全使用要求。施工现场使用的装配式活动房屋应当具有产品合格证。

第三十条　施工单位对因建设工程施工可能造成损害的毗邻建筑物、构筑物和地下管线等，应当采取专项防护措施。

施工单位应当遵守有关环境保护法律、法规的规定，在施工现场采取措施，防止或者减少粉尘、废气、废水、固体废物、噪声、振动和施工照明对人和环境的危害和污染。

在城市市区内的建设工程，施工单位应当对施工现场实行封闭围挡。

第三十一条　施工单位应当在施工现场建立消防安全责任制度，确定消防安全责任人，制定用火、用电、使用易燃易爆材料等各项消防安全管理制度和操作规程，设置消防通道、消防水源，配备消防设施和灭火器材，并在施工现场入口处设置明显标志。

第三十二条　施工单位应当向作业人员提供安全防护用具和安全防护服装，并书面告知危险岗位的操作规程和违章操作的危害。

作业人员有权对施工现场的作业条件、作业程序和作业方式中存在的安全问题提出批评、检举和控告，有权拒绝违章指挥和强令冒险作业。

在施工中发生危及人身安全的紧急情况时，作业人员有权立即停止作业或者在采取必要的应急措施后撤离危险区域。

第三十三条　作业人员应当遵守安全施工的强制性标准、规章制度和操作规程，正确使用安全防护用具、机械设备等。

第三十四条　施工单位采购、租赁的安全防护用具、机械设备、施工机具及配件，应当具有生产(制造)许可证、产品合格证，并在进入施工现场前进行查验。

施工现场的安全防护用具、机械设备、施工机具及配件必须由专人管理，定期进行检查、维修和保养，建立相应的资料档案，并按照国家有关规定及时报废。

第三十五条　施工单位在使用施工起重机械和整体提升脚手架、模板等自升式架设设施前，应当组织有关单位进行验收，也可以委托具有相应资质的检验检测机构进行验收；使用承租的机械设备和施工机具及配件的，由施工总承包单位、分包单位、出租单位和安装单位共同进行验收。验收合格的方可使用。

《特种设备安全监察条例》规定的施工起重机械，在验收前应当经有相应资质的检验检测机构监督检验合格。

施工单位应当自施工起重机械和整体提升脚手架、模板等自升式架设设施验收合格之日起 30 日内，向建设行政主管部门或者其他有关部门登记。登记标志应当置于或者附着于该设备的显著位置。

第三十六条　施工单位的主要负责人、项目负责人、专职安全生产管理人员应当经建设行政主管部门或者其他有关部门考核合格后方可任职。

施工单位应当对管理人员和作业人员每年至少进行一次安全生产教育培训，其教育培训情况记入个人工作档案。安全生产教育培训考核不合格的人员，不得上岗。

第三十七条　作业人员进入新的岗位或者新的施工现场前，应当接受安全生产教育培训。未经教育培训或者教育培训考核不合格的人员，不得上岗作业。

施工单位在采用新技术、新工艺、新设备、新材料时，应当对作业人员进行相应的安全生产教育培训。

第三十八条　施工单位应当为施工现场从事危险作业的人员办理意外伤害保险。

意外伤害保险费由施工单位支付。实行施工总承包的，由总承包单位支付意外伤害保险费。意外伤害保险期限自建设工程开工之日起至竣工验收合格止。

第五章　监督管理

第三十九条　国务院负责安全生产监督管理的部门依照《中华人民共和国安全生产法》的规定，对全国建设工程安全生产工作实施综合监督管理。

县级以上地方人民政府负责安全生产监督管理的部门

依照《中华人民共和国安全生产法》的规定，对本行政区域内建设工程安全生产工作实施综合监督管理。

第四十条　国务院建设行政主管部门对全国的建设工程安全生产实施监督管理。国务院铁路、交通、水利等有关部门按照国务院规定的职责分工，负责有关专业建设工程安全生产的监督管理。

县级以上地方人民政府建设行政主管部门对本行政区域内的建设工程安全生产实施监督管理。县级以上地方人民政府交通、水利等有关部门在各自的职责范围内，负责本行政区域内的专业建设工程安全生产的监督管理。

第四十一条　建设行政主管部门和其他有关部门应当将本条例第十条、第十一条规定的有关资料的主要内容抄送同级负责安全生产监督管理的部门。

第四十二条　建设行政主管部门在审核发放施工许可证时，应当对建设工程是否有安全施工措施进行审查，对没有安全施工措施的，不得颁发施工许可证。

建设行政主管部门或者其他有关部门对建设工程是否有安全施工措施进行审查时，不得收取费用。

第四十三条　县级以上人民政府负有建设工程安全生产监督管理职责的部门在各自的职责范围内履行安全监督检查职责时，有权采取下列措施：

（一）要求被检查单位提供有关建设工程安全生产的文件和资料；

（二）进入被检查单位施工现场进行检查；

（三）纠正施工中违反安全生产要求的行为；

（四）对检查中发现的安全事故隐患，责令立即排除；重大安全事故隐患排除前或者排除过程中无法保证安全的，责令从危险区域内撤出作业人员或者暂时停止施工。

第四十四条　建设行政主管部门或者其他有关部门可以将施工现场的监督检查委托给建设工程安全监督机构具体实施。

第四十五条　国家对严重危及施工安全的工艺、设备、材料实行淘汰制度。具体目录由国务院建设行政主管部门会同国务院其他有关部门制定并公布。

第四十六条　县级以上人民政府建设行政主管部门和其他有关部门应当及时受理对建设工程生产安全事故及安全事故隐患的检举、控告和投诉。

第六章　生产安全事故的应急救援和调查处理

第四十七条　县级以上地方人民政府建设行政主管部门应当根据本级人民政府的要求，制定本行政区域内建设工程特大生产安全事故应急救援预案。

第四十八条　施工单位应当制定本单位生产安全事故应急救援预案，建立应急救援组织或者配备应急救援人员，配备必要的应急救援器材、设备，并定期组织演练。

第四十九条　施工单位应当根据建设工程施工的特点、范围，对施工现场易发生重大事故的部位、环节进行监控，制定施工现场生产安全事故应急救援预案。实行施工总承包的，由总承包单位统一组织编制建设工程生产安全事故应急救援预案，工程总承包单位和分包单位按照应急救援预案，各自建立应急救援组织或者配备应急救援人员，配备救援器材、设备，并定期组织演练。

第五十条　施工单位发生生产安全事故，应当按照国家有关伤亡事故报告和调查处理的规定，及时、如实地向负责安全生产监督管理的部门、建设行政主管部门或者其他有关部门报告；特种设备发生事故的，还应当同时向特种设备安全监督管理部门报告。接到报告的部门应当按照国家有关规定，如实上报。

实行施工总承包的建设工程，由总承包单位负责上报事故。

第五十一条　发生生产安全事故后，施工单位应当采取措施防止事故扩大，保护事故现场。需要移动现场物品时，应当做出标记和书面记录，妥善保管有关证物。

第五十二条　建设工程生产安全事故的调查、对事故责任单位和责任人的处罚与处理，按照有关法律、法规的规定执行。

第七章　法律责任

第五十三条　违反本条例的规定，县级以上人民政府建设行政主管部门或者其他有关行政管理部门的工作人员，有下列行为之一的，给予降级或者撤职的行政处分；构成犯罪的，依照刑法有关规定追究刑事责任：

（一）对不具备安全生产条件的施工单位颁发资质证书的；

（二）对没有安全施工措施的建设工程颁发施工许可证的；

（三）发现违法行为不予查处的；

（四）不依法履行监督管理职责的其他行为。

第五十四条　违反本条例的规定，建设单位未提供建设工程安全生产作业环境及安全施工措施所需费用的，责令限期改正；逾期未改正的，责令该建设工程停止施工。

建设单位未将保证安全施工的措施或者拆除工程的有关资料报送有关部门备案的，责令限期改正，给予警告。

第五十五条　违反本条例的规定，建设单位有下列行为之一的，责令限期改正，处 20 万元以上 50 万元以下的罚款；造成重大安全事故，构成犯罪的，对直接责任人员，依照刑法有关规定追究刑事责任；造成损失的，依法承担赔偿责任：

（一）对勘察、设计、施工、工程监理等单位提出不符合安全生产法律、法规和强制性标准规定的要求的；

（二）要求施工单位压缩合同约定的工期的；

（三）将拆除工程发包给不具有相应资质等级的施工单位的。

第五十六条　违反本条例的规定，勘察单位、设计单位有下列行为之一的，责令限期改正，处 10 万元以上 30 万元以下的罚款；情节严重的，责令停业整顿，降低资质等级，直至吊销资质证书；造成重大安全事故，构成犯罪的，对直接责任人员，依照刑法有关规定追究刑事责任；造成损失的，依法承担赔偿责任：

（一）未按照法律、法规和工程建设强制性标准进行勘察、设计的；

（二）采用新结构、新材料、新工艺的建设工程和特殊结构的建设工程，设计单位未在设计中提出保障施工作业人员安全和预防生产安全事故的措施建议的。

第五十七条　违反本条例的规定，工程监理单位有下列行为之一的,责令限期改正;逾期未改正的,责令停业整顿,并处10万元以上30万元以下的罚款;情节严重的,降低资质等级,直至吊销资质证书;造成重大安全事故,构成犯罪的,对直接责任人员,依照刑法有关规定追究刑事责任;造成损失的,依法承担赔偿责任:

(一)未对施工组织设计中的安全技术措施或者专项施工方案进行审查的;

(二)发现安全事故隐患未及时要求施工单位整改或者暂时停止施工的;

(三)施工单位拒不整改或者不停止施工,未及时向有关主管部门报告的;

(四)未依照法律、法规和工程建设强制性标准实施监理的。

第五十八条　注册执业人员未执行法律、法规和工程建设强制性标准的,责令停止执业3个月以上1年以下;情节严重的,吊销执业资格证书,5年内不予注册;造成重大安全事故的,终身不予注册;构成犯罪的,依照刑法有关规定追究刑事责任。

第五十九条　违反本条例的规定,为建设工程提供机械设备和配件的单位,未按照安全施工的要求配备齐全有效的保险、限位等安全设施和装置的,责令限期改正,处合同价款1倍以上3倍以下的罚款;造成损失的,依法承担赔偿责任。

第六十条　违反本条例的规定,出租单位出租未经安全性能检测或者经检测不合格的机械设备和施工机具及配件的,责令停业整顿,并处5万元以上10万元以下的罚款;造成损失的,依法承担赔偿责任。

第六十一条　违反本条例的规定，施工起重机械和整体提升脚手架、模板等自升式架设设施安装、拆卸单位有下列行为之一的，责令限期改正，处5万元以上10万元以下的罚款；情节严重的，责令停业整顿，降低资质等级，直至吊销资质证书；造成损失的，依法承担赔偿责任：

（一）未编制拆装方案、制定安全施工措施的；

（二）未由专业技术人员现场监督的；

（三）未出具自检合格证明或者出具虚假证明的；

（四）未向施工单位进行安全使用说明，办理移交手续的。

施工起重机械和整体提升脚手架、模板等自升式架设设施安装、拆卸单位有前款规定的第（一）项、第（三）项行为，经有关部门或者单位职工提出后，对事故隐患仍不采取措施，因而发生重大伤亡事故或者造成其他严重后果，构成犯罪的，对直接责任人员，依照刑法有关规定追究刑事责任。

第六十二条　违反本条例的规定，施工单位有下列行为之一的，责令限期改正；逾期未改正的，责令停业整顿，依照《中华人民共和国安全生产法》的有关规定处以罚款；造成重大安全事故，构成犯罪的，对直接责任人员，依照刑法有关规定追究刑事责任：

（一）未设立安全生产管理机构、配备专职安全生产管理人员或者分部分项工程施工时无专职安全生产管理人员现场监督的；

（二）施工单位的主要负责人、项目负责人、专职安全生产管理人员、作业人员或者特种作业人员，未经安全教育培训或者经考核不合格即从事相关工作的；

（三）未在施工现场的危险部位设置明显的安全警示标志，或者未按照国家有关规定在施工现场设置消防通道、消防水源、配备消防设施和灭火器材的；

（四）未向作业人员提供安全防护用具和安全防护服装的；

（五）未按照规定在施工起重机械和整体提升脚手架、模板等自升式架设设施验收合格后登记的；

（六）使用国家明令淘汰、禁止使用的危及施工安全的工艺、设备、材料的。

第六十三条　违反本条例的规定，施工单位挪用列入建设工程概算的安全生产作业环境及安全施工措施所需费用的，责令限期改正，处挪用费用 20％以上 50％以下的罚款；造成损失的，依法承担赔偿责任。

第六十四条　违反本条例的规定，施工单位有下列行为之一的，责令限期改正；逾期未改正的，责令停业整顿，并处 5 万元以上 10 万元以下的罚款；造成重大安全事故，构成犯罪的，对直接责任人员，依照刑法有关规定追究刑事责任：

（一）施工前未对有关安全施工的技术要求作出详细说明的；

（二）未根据不同施工阶段和周围环境及季节、气候的变化，在施工现场采取相应的安全施工措施，或者在城市市区内的建设工程的施工现场未实行封闭围挡的；

（三）在尚未竣工的建筑物内设置员工集体宿舍的；

（四）施工现场临时搭建的建筑物不符合安全使用要求的；

（五）未对因建设工程施工可能造成损害的毗邻建筑物、

构筑物和地下管线等采取专项防护措施的。

施工单位有前款规定第（四）项、第（五）项行为，造成损失的，依法承担赔偿责任。

第六十五条　违反本条例的规定，施工单位有下列行为之一的，责令限期改正；逾期未改正的，责令停业整顿，并处10万元以上30万元以下的罚款；情节严重的，降低资质等级，直至吊销资质证书；造成重大安全事故，构成犯罪的，对直接责任人员，依照刑法有关规定追究刑事责任；造成损失的，依法承担赔偿责任：

（一）安全防护用具、机械设备、施工机具及配件在进入施工现场前未经查验或者查验不合格即投入使用的；

（二）使用未经验收或者验收不合格的施工起重机械和整体提升脚手架、模板等自升式架设设施的；

（三）委托不具有相应资质的单位承担施工现场安装、拆卸施工起重机械和整体提升脚手架、模板等自升式架设设施的；

（四）在施工组织设计中未编制安全技术措施、施工现场临时用电方案或者专项施工方案的。

第六十六条　违反本条例的规定，施工单位的主要负责人、项目负责人未履行安全生产管理职责的，责令限期改正；逾期未改正的，责令施工单位停业整顿；造成重大安全事故、重大伤亡事故或者其他严重后果，构成犯罪的，依照刑法有关规定追究刑事责任。

作业人员不服管理、违反规章制度和操作规程冒险作业造成重大伤亡事故或者其他严重后果，构成犯罪的，依照刑法有关规定追究刑事责任。

施工单位的主要负责人、项目负责人有前款违法行为，尚不够刑事处罚的，处2万元以上20万元以下的罚款或者按照管理权限给予撤职处分；自刑罚执行完毕或者受处分之日起，5年内不得担任任何施工单位的主要负责人、项目负责人。

第六十七条　施工单位取得资质证书后，降低安全生产条件的，责令限期改正；经整改仍未达到与其资质等级相适应的安全生产条件的，责令停业整顿，降低其资质等级直至吊销资质证书。

第六十八条　本条例规定的行政处罚，由建设行政主管部门或者其他有关部门依照法定职权决定。

违反消防安全管理规定的行为，由公安消防机构依法处罚。

有关法律、行政法规对建设工程安全生产违法行为的行政处罚决定机关另有规定的，从其规定。

第八章　附　则

第六十九条　抢险救灾和农民自建低层住宅的安全生产管理，不适用本条例。

第七十条　军事建设工程的安全生产管理，按照中央军事委员会的有关规定执行。

第七十一条　本条例自2004年2月1日起施行。

手册 8.00元
高血压防治(修订版) 9.50元
高血压病早防早治 7.50元
高血压中西医防治 13.00元
高血压病自然疗法 9.00元
高血压病用药知识 16.00元
高血压病患者饮食调养 4.50元
高血压病患者宜吃食物 22.00元
血压异常的危害及其防治 9.50元
冠心病用药方法及不良反应处理 15.00元
冠心病防治327问(第二次修订版) 18.00元
冠心病早防早治 12.00元
中老年冠心病防治 6.00元
动脉粥样硬化防治 6.50元
心绞痛自我防治 6.00元
心脏病患者饮食调养 6.50元
心脏养护与心脏病防治 15.00元
心律失常防治150问 7.00元
心肌梗死自我防治 5.50元
如何预防再次心肌梗死 15.00元
风湿性心脏病防治200问 6.00元
中老年人心血管急症的防治 8.50元
老年心血管病防治与康复 6.50元
心血管病防治用药知识160问 7.00元
心脑血管疾病用药知识 9.50元
常见心血管疾病家庭康复 5.50元
常见心脑血管疾病的早期信号与预防 6.00元
老年常见病先兆及预防 28.00元
心脑血管病的自我预防与康复 6.50元
心脑血管疾病饮食调养(另有VCD) 7.50元
脑血管病防治200问(第二版) 7.50元
脑血管病自我防治 5.50元
脑养护与脑血管病防治 12.00元
脑血栓防治200问 7.50元
脑梗死防治260问 11.00元
脑血栓自然疗法 9.00元
脑瘤诊治200问 6.00元
中风防治200问 7.00元
中风患者家庭康复 6.50元
偏瘫患者运动疗法 5.00元
糖尿病防治200问(第二版) 7.00元
糖尿病早防早治 8.00元
糖尿病家庭康复 4.50元
实用糖尿病防治手册 15.00元
新编糖尿病防治指南 15.00元
糖尿病的胰岛素治疗 6.50元
糖尿病药膳 12.00元
糖尿病饮食调养(修订版·另有VCD) 12.00元
糖尿病并发症中西医防治(修订版) 19.00元
糖尿病防治误区110问 6.00元